工程衛士
建設管家

王早生

二〇二二年八月十六日

2022中国建设监理与咨询

——行业发展与创新研究

主编　中国建设监理协会

中国建筑工业出版社

图书在版编目（CIP）数据

2022中国建设监理与咨询：行业发展与创新研究 / 中国建设监理协会主编. —北京：中国建筑工业出版社，2022.12
ISBN 978-7-112-28268-5

Ⅰ. ①2… Ⅱ. ①中… Ⅲ. ①建筑工程—监理工作—研究—中国 Ⅳ. ①TU712

中国版本图书馆CIP数据核字（2022）第240592号

责任编辑：费海玲　焦　阳
文字编辑：汪箫仪
责任校对：董　楠

2022 中国建设监理与咨询
—— 行业发展与创新研究
主编　中国建设监理协会
*
中国建筑工业出版社出版、发行（北京海淀三里河路9号）
各地新华书店、建筑书店经销
北京雅盈中佳图文设计公司制版
天津图文方嘉印刷有限公司印刷
*
开本：880毫米 × 1230毫米　1/16　印张：$7^1/_2$　字数：300千字
2022年12月第一版　2022年12月第一次印刷
定价：35.00元
ISBN 978-7-112-28268-5
（40719）

目录 CONTENTS

行业发展 8

聚焦 20

政策法规 21

监理论坛 22

中国建设监理协会“监理企业复工复产疫情防控操作指南”课题验收会在河南郑州圆满结束

2022 年 9 月 23 日，由武汉市工程建设全过程咨询与监理协会组织牵头，会同相关单位开展的中国建设监理协会“监理企业复工复产疫情防控操作指南”课题验收会圆满召开。

根据“监理企业复工复产疫情防控操作指南”课题验收的相关要求，本次验收会分为三个议程。中国建设监理协会会长王早生（线上）、副会长兼秘书长王学军、副秘书长温健，上海同济咨询有限公司董事长杨卫东，山东省建设监理与咨询协会副理事长兼秘书长陈文，河南省建设监理协会会长孙惠民和课题组专家共 16 人参加了会议，会议由中国建设监理协会副秘书长温健主持。与会专家学者经过严谨的质询和讨论，一致同意“监理企业复工复产疫情防控操作指南”课题验收通过。

会上，中韬华胜工程科技有限公司吴红涛代表课题组，分别就“监理企业复工复产疫情防控操作指南”课题组基本工作情况、研究进度、研究成果等进行了详细汇报。该课题于 2022 年 7 月 15 日正式启动调研，并按照中国建设监理协会的要求有序推进工作。

验收组组长杨卫东组织了验收工作，验收组专家听取课题组汇报后，审阅了相关资料，经质询与讨论，形成如下验收意见：该项课题资料齐全，符合验收要求；课题组通过对国家和地方性法规、政策的收集、研究，对各地疫情防控监理工作成果的总结，经广泛征求意见，反复论证，形成了课题成果。为工程监理企业和项目监理机构在复工复产疫情防控方面提供了一套科学合理、符合实际、管理高效的操作指南，对指导工程监理企业和项目监理机构的复工复产疫情防控工作具有现实意义。

协会副会长兼秘书长王学军作总结发言。他充分肯定了课题组取得的研究成果，并对课题组专家为行业健康持续发展的辛勤付出表示感谢。他指出，当前行业发展面临着复杂性、严峻性，党中央明确要求：疫情要防住、经济要稳住、发展要安全，因此中国建设监理协会高度重视此课题。此项课题为当下工程监理企业和项目监理机构复工复产、疫情防控工作提供了指导范本，对行业持续健康发展具有重要意义。希望课题组按照验收组专家提出的意见建议，继续完善课题并上报至中国建设监理协会，使该项指南能够尽快发布，发挥作用！

《城市道路工程监理工作标准》课题成果转团体标准验收会在郑州顺利召开

2022 年 9 月 24 日，中国建设监理协会《城市道路工程监理工作标准》课题成果转团体标准验收会在郑州顺利召开。中国建设监理协会副会长兼秘书长王学军出席会议并讲话。中国建设监理协会专家委员会常务副主任、课题验收组组长修璐，武汉市工程建设全过程咨询与监理协会会长汪成庆，国机中兴工程咨询有限公司执行董事李振文，北京兴电国际工程管理有限公司总经理张铁明（线上）和上海市建设工程监理咨询有限公司董事长龚花强（线上）等专家参加评审验收。课题组组长、河南省建设监理协会会长孙惠民，常务副会长兼秘书长耿春，课题指导组专家及课题组成员20余人参加会议。会议采取线上、线下相结合的形式召开，由中国建设监理协会国际部副主任王婷主持。

验收组专家听取了课题组的编写工作汇报，详细审阅了相关资料，经质询和讨论，认为课题组提交的验收资料齐全，该标准在《城市道路工程监理工作标准（试行）》研究成果基础上，结合课题成果试行过程中反馈的意见，同时参考同类技术标准和相关规定，进一步完善了城市道路工程监理工作的标准。该标准结构合理，条理清晰，要求明确，可操作性强，丰富了建设监理行业的标准体系，对城市道路工程监理工作的规范化、科学化具有指导意义，达到了国内先进水平。验收组专家一致同意《城市道路工程监理工作标准》课题成果转团体标准通过审查验收。

《监理工作信息化管理标准》课题验收会圆满结束

2022年9月26日，中国建设监理协会《监理工作信息化管理标准》课题验收会在西安圆满完成，中国建设监理协会会长王早生，中国建设监理协会副会长兼秘书长王学军，中国建设监理协会专家委员会常务副主任、课题验收组组长修璐，河南省建设监理协会会长孙惠民，武汉市工程建设全过程咨询与监理协会专家委员会主任秦永祥，西安建筑科技大学客座教授沈造等验收组专家及中国建设监理协会原副会长商科等课题组成员近20人参加会议，会议由中国建设监理协会国际部副主任王婷主持。

在验收会上，王早生会长首先发表了对监理工作信息化的看法和建议。他指出行业信息化要有突破，要充分认识信息化的重要性。建议企业在发展过程中，要着重考虑信息化，优先开展信息化工作。

课题组组长商科同志向验收组汇报了该课题成果从初稿到申报稿，前后历经9稿，征询省内外各企业、专家的相关意见10余次的编写过程。验收组专家听取了课题组的工作汇报，详细审阅了相关资料，经质询和讨论，认为课题组提交的验收资料齐全；该课题成果结构合理、条理清晰、要求明确、可操作性强，丰富了建设监理行业的标准体系。验收组专家一致同意“监理工作信息化管理标准”课题通过验收。

修璐主任表示《监理工作信息化管理标准》奠定了监理工作转型信息化的管理基础，对监理工作转型信息化具有重要的示范作用。他强调，课题组要按照验收专家提出的相关意见和建议进一步修改完善。

王学军秘书长指出信息化是行业一项探索性的工作，强调企业一是要加强信息化建设，达到提高工作质量和效率，解放生产力的目的，逐步从人工旁站向视频监控过渡、人工巡查向无人机巡航过渡、平行检验向智能检测过渡，力争监理现场的三控两管工作逐步以设备为主，解放生产力。二是信息化管理不要面面俱到，重点放在人员管理和现场管理，使人才信息能及时查询，工程质量和安全能够得到保证。他强调课题组要按照专家意见抓紧时间修改，争取尽早试行《监理工作信息化管理标准》，促进工程监理行业转型升级高质量发展。

《市政基础设施工程项目监理机构人员配置标准》课题成果转团体标准研究课题验收会顺利召开

2022 年 10 月 25 日，中国建设监理协会《市政基础设施工程项目监理机构人员配置标准》课题成果转团体标准研究课题验收会在武汉顺利召开。中国建设监理协会会长王早生，中国建设监理协会副会长兼秘书长王学军，重庆市建设监理协会会长、课题验收组组长雷开贵，中国建设监理协会专家委员会常务副主任修璐，北京交通大学教授刘伊生，中国建设监理协会专家委员会主任委员屠名瑚，建基工程咨询有限公司董事长黄春晓等验收组专家及课题组成员共 23 人参加课题验收会。会议采取线上线下相结合的形式召开，由中国建设监理协会行业发展部主任孙璐主持。

会上，王学军秘书长表示该课题的研究对规范市政工程监理人员配备数量、提高监理人员素质、为监理人工取费标准奠定基础等方面具有重要意义，充分肯定了武汉协会在课题研究方面做出的努力，并对此次验收会提出了要求，希望各位专家集思广益，仔细斟酌，使此项标准更加规范，更加符合实际。

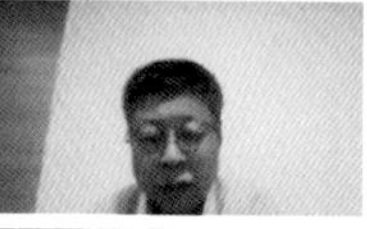

课题组组长汪成庆代表课题组向莅临武汉现场会议和线上会议的领导和专家们表示了热烈的欢迎，同时就该课题成果转团标的相关研究工作向与会专家进行了简要介绍。

验收会由验收组组长雷开贵组织工作。验收组专家听取了中韬华胜工程科技有限公司工程技术部副经理刘海代表课题组就该课题成果转团标研究的意义目的、编制过程及研究成果等的汇报，详细审阅了相关资料，经质询和讨论，认为课题组提交的验收资料齐全，课题研究成果语言清晰、结构严谨、重点突出，具有可操作性，符合合同要求。对于指导市政基础设施工程项目监理机构人员配备，提升市政基础设施工程监理工作质量和水平，推动工程监理行业健康持续发展具有现实意义。验收组专家一致同意《市政基础设施工程项目监理机构人员配置标准》课题成果转团体标准通过审查验收。

中国建设监理协会会长王早生作会议总结发言。他充分肯定了课题组取得的研究成果，并对课题的实际意义表示高度赞赏。他指出高质量发展、高质量监理都离不开人，编制《市政基础设施工程项目监理机构人员配置标准》是贯彻落实高质量发展的一项扎实的举措，充分体现了行业的政治站位，是对社会、对历史负责精神的体现，也是对行业健康可持续发展的要求。标准编制既要从自身出发，也要考虑社会利益、业主利益，要始终维护好最大的甲方——国家、社会、人民的利益。同时，此项标准能够促进监理人员专业化发展，不仅从数量上满足人员配置标准，从质量上也要满足标准要求。但由于市政工程类别划分较多，此项课题还需在验收会基础上继续进行深化和完善。他强调，课题组要做好下一步工作计划，使课题成果能够发挥更强的实用性。最后，王早生会长再次对各位专家、各企业、各协会为国家建设事业与监理事业做出的贡献表示感谢！

《城市轨道交通工程监理规程》课题成果转团体标准研究课题验收会顺利召开

2022 年 10 月 27 日，中国建设监理协会《城市轨道交通工程监理规程》课题成果转团体标准研究课题验收会在广东潮州顺利召开。中国建设监理协会会长王早生，中国建设监理协会副会长兼秘书长王学军，中国建设监理协会专家委员会副主任委员、课题验收组组长杨卫东，北京交通大学教授刘伊生，中国建设监理协会副秘书长温健，武汉市工程建设全过程咨询与监理协会会长汪成庆，广东重工建设监理有限公司总工程师刘琰，上海天佑工程咨询有限公司副总经理范洪顺等验收组专家及课题组成员共 23 人参加课题验收会。会议采取线上、线下相结合的形式召开，由中国建设监理协会行业发展部主任孙璐主持。

会上，王学军秘书长充分肯定了广东协会在课题研究方面做出的努力，他表示《城市轨道交通工程监理规程》这一课题研究对监理行业发展，对保障城市轨道交通工程的质量安全具有十分重要的意义。希望课题组参照相关法规规范标准，从监理职责出发进一步完善标准，同时要统筹处理好该标准与中国建设监理协会发布的相关标准的关系，使其更加规范，更加符合实际，具有可操作性。

课题组组长广东省建设监理协会会长孙成代表课题组向莅临潮州现场会议和线上会议的领导和专家们表示了热烈的欢迎，同时就该课题成果转团体标准研究的基本工作情况、主要编制内容要求、主要解决问题向与会专家进行了简要介绍。副组长上海市建设工程监理咨询有限公司杨胜强介绍了各章节编制要点、征求意见情况说明等。

验收环节由验收组组长杨卫东主持。验收组专家听取了课题组的工作汇报，详细审阅了相关资料，经质询和讨论，认为课题组提交的验收资料齐全，课题研究成果语言清晰、结构严谨、重点突出，具有可操作性，填补了国内城市轨道交通工程监理标准的空白。对于推动城市轨道交通建设工程施工阶段监理工作标准化、规范化与科学化，提升城市轨道交通工程监理工作质量和水平具有现实意义。验收组专家一致同意《城市轨道交通工程监理规程》课题成果转团体标准通过审查验收。

中国建设监理协会会长王早生作会议总结发言。他充分肯定了课题组取得的研究成果，并对课题的实际意义表示高度赞赏。他强调了《城市轨道交通工程监理规程》课题研究的重要性，他指出城市轨道交通工程大部分为政府投资项目，具有投资金额大、综合性强、复杂程度高、社会影响力大等特点，在工程质量和施工安全方面都受到各界的高度关注。同时对今后协会团体标准的编制工作及如何处理好标准的专业性和通用性提出了指导性的意见和建议。最后，王早生会长再次对各位行业专家、各企业、各协会以专业精神对标准认真负责的态度，以高度的责任心和使命感对国家建设事业与监理事业做出的贡献表示感谢！

《市政工程监理资料管理标准》课题成果转团体标准研究课题验收会顺利召开

2022 年 11 月 2 日，中国建设监理协会委托浙江省全过程工程咨询与监理管理协会牵头的《市政工程监理资料管理标准》课题成果转团体标准研究课题验收会在杭州顺利召开。中国建设监理协会会长王早生、副会长兼秘书长王学军参加会议。验收组由山东省建设监理协会秘书长陈文、北京交通大学教授刘伊生、北京市建设监理协会会长李伟、河南省监理建设监理协会会长孙惠民、中国建设监理协会副秘书长王月、广东重工建设监理有限公司总工程师刘琰组成，陈文担任验收组组长。浙江省全过程工程咨询与监理管理协会副会长兼秘书长吕艳斌、宁波市建设监理与招投标咨询行业协会秘书长应勤荣参加了会议。会议采用线上、线下结合的方式，由中国建设监理协会行业发展部主任孙璐主持。

会上，宁波市斯正项目管理咨询有限公司总工程师周坚梁代表课题组就课题的研究思路、研究过程及标准（报审稿）的主要内容作了汇报。各评审专家对课题研究成果提出了修改意见和建议，并认为课题组编制的标准内容全面、结构严谨、逻辑合理，具有较强的针对性、实用性和可操作性，填补了我国市政工程监理行业监理文件资料管理的空白，具有一定的创新性。课题研究成果对提高市政工程监理服务水平，切实履行工程质量和安全生产管理的监理职责具有指导意义。

会上，王学军秘书长充分肯定了浙江协会在课题研究方面做出的努力，他指出监理资料是监理工作的真实记录且具有可追溯性，希望课题组在听取各专家提出的意见和建议的基础上，从监理的职责出发，对标准进行修改完善，做到重点突出，资料内容无遗漏，进一步体现电子文档管理的要求，适应日益进步的电子化趋势，同时要处理好与其他标准的互相协调。

中国建设监理协会会长王早生作会议总结发言。他对课题组的研究工作予以充分肯定，对评审专家辛勤的付出表示感谢。他指出，监理资料既是监理行业工作质量的真实反映，也是检验现场监理工作是否到位的重要依据。加强对监理资料的管理，是提高监理工作质量和水平的迫切需要。《市政工程监理资料管理标准》作为中国建设监理协会团体标准研究体系之一，具有重要的作用。王早生会长要求课题组进一步吸收各评审专家提出的意见建议，对标准文本做进一步梳理和完善后尽早发布。最后，早生会长再次对各位行业专家、各企业、各协会为国家建设事业与监理事业做出的贡献表示感谢！

中国建设监理协会王早生会长到江西省公路工程监理有限公司检测中心开展工作调研

2022年10月10日，中国建设监理协会会长王早生莅临江西省公路工程监理有限公司检测中心开展工作调研。江西省公路投资有限公司党委副书记、总经理龙华春出席座谈会并讲话，江西建设监理协会会长谢震灵、秘书长龚福根及有关企业领导，江西省公路工程监理有限公司总经理黄卫国等陪同调研。

在调研中，王早生会长实地察看了检测中心基地建设，依次参观了检测特种车辆及钢绞线实验室、压剪室等专业试验室，认真听取并观看了监理公司工作交流汇报及PPT演示。

龙华春向协会领导介绍了监理公司近年来改革发展情况，集中概括为“三个专”，即专业，公司资质齐全、业绩丰富、信誉优良，是公路交通领域的专业化监理检测技术服务企业；专注，始终牢记职责使命，深耕公路监理市场28年、公路检测市场24年，赢得了良好的市场口碑；专家，培养了一支工作务实、能打硬仗的专业型、技术型、服务型团队。希望协会继续关心、关爱公司市政监理等业务发展，为推动交通、建设监理融合发展提供政策、技术等方面支持，加强智慧监理、智能检测发展的技术指导，助力公司高质量发展。

王早生会长充分肯定了监理公司近年来的发展成绩，并对公司推动监理服务信息化智能化、检测数据开发利用、加强公路科研及技术能力建设等做法表示高度赞赏，对公司今后发展充满期待，并希望公司在长远发展规划上再细化，在企业信息化建设上再强化，在公路科研及科研成果推广应用上再发力。

（江西省公路工程监理有限公司　供稿）

河南省建设监理协会党支部认真组织收听收看党的二十大开幕式

2022年10月16日上午10时，中国共产党第二十次全国代表大会在人民大会堂隆重开幕。河南省建设监理协会党支部组织全体党员和干部职工第一时间收看了党的二十大开幕式盛况，认真聆听习近平总书记所作的大会报告。

大家一致认为，党的十九大以来的5年和新时代10年极不寻常、极不平凡，我们如期全面建成小康社会，实现第一个百年奋斗目标，推动党和国家事业取得举世瞩目的重大成就，谱写了辉煌的历史篇章。习近平总书记所作的中共二十大报告高屋建瓴，总揽全局，内容丰富，思想深刻，站在民族复兴和百年变局的制高点，科学谋划未来5年乃至更长时期党和国家事业发展的目标任务和大政方针，提出一系列新思路、新战略、新举措，是指导我们全面建设社会主义现代化国家、向第二个百年奋斗目标进军的纲领性文献。

大家纷纷表示，一定认真学习、深刻领会、准确把握习近平总书记报告的精神实质和丰富内涵，鼓足干劲，尽职尽责，以更加饱满的热情和更加奋发有为的态度投入工作实践。下一步，协会党支部将把学习贯彻落实党的二十大精神作为当前和今后一个时期的重大任务。用党的二十大精神指导协会和全省建设监理行业工作实践，切实把协会工作和行业工作做好做实，为实现中华民族伟大复兴的梦想做出应有贡献。

（河南省建设监理协会　供稿）

“监理的责任：全过程工程咨询的探索与实践”主题经验交流会成功召开

2022 年 9 月 22 日，河南省建设监理协会“监理的责任：全过程工程咨询的探索与实践”主题经验交流会在郑州圆满召开。中国建设监理协会会长王早生作主题演讲，副会长兼秘书长王学军出席会议并致辞，河南省住建厅工程质量安全监管处副处长魏家颂、河南省住建厅建筑市场监管处副处长张贵鹏、河南省质量安全总站总工程师曾繁娜、湖北省建设监理协会副会长、武汉市工程建设全过程咨询与监理协会会长汪成庆等应邀出席会议。河南省招标投标协会、河南省勘察设计协会、河南省注册造价工程师协会、河南省工程勘察设计行业协会等与全过程咨询业务有关的行业协会领导到会指导。

河南省建设监理协会会长孙惠民出席会议并致辞，监事长张勤，常务副会长兼秘书长耿春，以及协会顾问、副会长、副秘书长、特邀专家、会员代表等近 300 人参加线下会议，会议进行了线上同步直播。

王早生会长以《深化改革创新 升级全咨服务》为题作主题演讲，高度强调了监理企业转型升级和创新发展的必要性。他强调，全咨服务是一个新天地，涉及以监理队伍为主的项目管理、以设计咨询为主的技术服务，以及包括投资决策、造价咨询等方面的经济领域。通过对监理企业的特点及从事全过程咨询的能力的分析，王早生会长从生产关系的深化改革和生产力的创新发展两大方面，就监理企业深化改革创新，升级全咨服务提出指导意见，并着重强调了信息化在适应市场变化，提升企业竞争力，促进高质量发展等方面的作用。

王学军秘书长在致辞中分析了行业向全过程工程咨询转型发展的背景，并指出要着重培养扎根于监理行业，拥有“监理自信”、怀有“监理使命”的全过程工程咨询高端人才。他强调，工程监理行业要继续主动作为，积极推进“全过程工程咨询”的探索与实践；继续做强各专项咨询服务，强化综合服务能力；加快数字化转型，提高工程管理效益；立足自身实际，积极融入国家发展大局。

孙惠民会长在致辞中指出，此次交流会是协会贯彻落实河南省住建厅《关于开展“万人助万企”助力建筑业发展十项活动的通知》（豫建市〔2022〕60 号）部署，聚焦新发展理念，适应新发展要求，服务行业高质量发展的年度重点工作，旨在总结全过程工程咨询服务的实践经验，进一步探讨和交流全过程工程咨询最新成果及发展趋势，助力全过程工程咨询服务的深入开展。希望此次会议能成为激发河南省建设监理行业开展全过程工程咨询服务的新起点，为全过程工程咨询服务的深入推进和建设监理行业实现转型升级与高质量发展提供助力。

会议邀请了省内外知名专家围绕全过程工程咨询服务进行分享和交流。会议交流环节分别由协会专家委员会副主任委员蒋晓东和郭玉明主持。

中国工程监理制度创设参与者、著名学者、同济大学经济与管理学院教授、博士生导师丁士昭教授，华东建筑设计研究院有限公司第二建筑事业部副总建筑师安仲宁，上海建科工程咨询有限公司副总经理薄卫彪，浙江江南工程管理股份有限公司副总裁、江南管理学院院长金桂明，郑州大学建设科技集团有限公司副总经理李彪，中国工程咨询协会工程管理专委会副秘书长、北京国金管理咨询有限公司副总裁、国金管理研究院副院长皮德江，国机中兴工程咨询有限公司总经理王自振，河南省光大建设管理有限公司党支部书记、副总经理李树芳作了分享交流。

（河南省建设监理协会　供稿）

江苏省首届工程监理职业技能竞赛在南京成功举办

2022 年 9 月 28 日至 9 月 29 日，由江苏省住房和城乡建设厅、江苏省总工会和江苏省教育厅联合主办，江苏省人力资源和社会保障厅指导，江苏省建设监理与招投标协会承办，中建八局第三建设有限公司协办的 2022 年江苏省百万城乡建设职工职业技能竞赛工程监理决赛在南京市溧水区举行。中国建设监理协会会长王早生，江苏省住房和城乡建设厅副厅长王学锋，南京市城乡建设委员会副主任宋刚，中国建设监理协会副秘书长温健，江苏省住房和城乡建设厅建筑市场监管处处长汪志强，江苏省住房和城乡建设厅工程质量安全监管处处长蒋惠明，江苏省建设工会工作委员会副主任佘玉龙，江苏省建设监理与招投标协会会长陈贵，江苏省建设监理与招投标协会秘书长曹达双和中建八局第三建设有限公司党委书记、董事长张述坚等领导、嘉宾及来自全省 13 个设区的领队、联络员、裁判员、参赛选手等共 150 余人参加了开幕式，开幕式由江苏省建设工会工作委员会主任齐朝辉主持。

中建八局第三建设有限公司党委书记、董事长张述坚致辞。他表示，中建八局第三建设有限公司作为协办单位，高度重视，在准备过程中多方进行沟通，高标准严要求完成了各项准备工作。

江苏省建设监理与招投标协会会长陈贵致辞。他表示，希望通过本次竞赛大力弘扬劳模精神、工匠精神，营造江苏省工程监理人员学技术、赶先进、创品牌的良好氛围，在江苏省工程监理行业中掀起岗位练兵、技能比武的热潮，促进工程监理人员技能水平的提升和质量安全意识的增强，为推动江苏省工程监理行业健康发展做出积极贡献。

中国建设监理协会会长王早生致辞。他首先代表中国建设监理协会对本次竞赛的举办和竞赛组织者及全体参赛选手表示诚挚的祝贺。他强调，职工职业技能竞赛对推动江苏省住房城乡建设高质量的发展具有重要意义，通过竞赛活动可以引导广大监理人走诚信执业、技能成才之路，通过勤奋学习、刻苦钻研，最终成为合格的“工程卫士、建筑管家”。

江苏省住房和城乡建设厅副厅长王学锋讲话。她首先对江苏省建设监理与招投标协会和中建八局第三建设有限公司为本次竞赛活动提供了良好的竞赛场地和优质的服务表示感谢。她强调，本次竞赛是江苏省工程监理行业首次举办的规格最高、规模最大的职业技能赛事，代表着全省工程监理行业最高水平，是全省工程监理人才切磋技艺、增进友谊、提升水平的重要平台。通过开展职业技能竞赛，构建全方位、高层次、多途径的工程监理技能人才培养体系，引导和促进广大工程监理从业人员不断增强学习能力、创新能力、竞争能力，助力工程监理行业人才队伍建设，满足行业高质量发展的需求，为全省房屋市政工程质量提供更强有力的支撑。

9 月 28 日，审查项目施工组织设计、施工方案和理论考试顺利完成。

9 月 29 日，现场实操顺利完成。现场实操包括项目现场实测实量、质量问题识别与正确处置、安全隐患识别与正确处置三部分内容。

（江苏省建设监理与招投标协会　供稿）

安徽省建设监理协会第六届会员代表大会暨六届一次理事会隆重召开

2022年9月28日上午，安徽省建设监理协会第六届一次会员代表大会暨六届一次理事会在合肥隆重召开。中国建设监理协会会长王早生、安徽省住房和城乡建设厅建筑市场监管处二级调研员辛祥出席大会并讲话，安徽省建设监理行业会员代表、行业知名专家、媒体代表300余人参加了本次大会。副会长赵红志主持会议。

安徽省住房和城乡建设厅建筑市场监管处二级调研员辛祥受托代表省住房和城乡建设厅向会议致辞。省社会组织综合党委派驻协会党建指导员周勤代表省社会组织管理局祝贺安徽省建设监理协会换届会议的胜利召开并对协会工作提出具体要求。

中国建设监理协会会长王早生对大会的成功召开表示祝贺。王会长充分肯定了安徽省建设监理协会取得的成绩，并结合行业发展新形势对安徽企业提出两点建议。一是要继续深化改革。希望安徽企业要继续发挥徽匠与徽商精神，以更开放的胸怀和包容的姿态深化企业改革，要跳出监理看监理，在业务模块、组织结构、人才培养、人员配备上跟上形势发展变化，适应全过程发展需要。二是继续强化能力。通过“补短板、扩规模、强基础、树正气”等手段，加强业务能力，提升企业信息化水平，把企业做大，把行业做大。

会议以举手表决方式审议通过安徽省建设监理协会五届理事会工作报告、财务报告，协会章程（修改稿）和六届选举办法；以无记名投票方式表决通过《安徽省建设监理协会会费标准和管理办法》；六届理事会第一次理事会议以无记名投票方式选举产生协会第六届理（监）事会领导班子。

苗一平当选会长，葛海东等18位同志当选副会长，吴翔当选秘书长，张孝庆当选监事长。

六届理事会当选会长苗一平代表新一届理事会发表就职讲话。他肯定了在全体会员的努力下所取得的显著成绩，感谢各位会员的信任，并表示自己会切实履行好岗位职责，尽心竭力干好工作，不辱使命。他还从五个方面向大会简要汇报了工作设想：“坚持一个领导，推进二个创新，实现三个转变，树立四个坚持，遵守五个必须。”他希望大家共同努力，不断发展壮大安徽省建设监理协会，为安徽的监理事业做出新的、应有的贡献。

（安徽省建设监理协会　供稿）

湖北省建设监理协会重温红色记忆　领悟“洪湖精神”

为落实省委直属机关工委关于进一步加强全体党员干部职工的爱国主义教育和革命传统教育的工作部署和要求，2022年9月24日，协会党支部书记刘治栋带领部分党员干部赴全国爱国主义教育示范基地瞿家湾湘鄂西革命根据地旧址参观学习。

曾经湘鄂西革命根据地的首府就坐落在这条饱经沧桑的老街上。街道两旁密集分布着保存完好的“中共中央湘鄂西分局”“湘鄂西省苏维埃政府”“湘鄂西革命军事委员会”“湘鄂西省工农日报社”等39处革命旧址，让人瞬间回到战争年代。

踩着斑驳的石板路，看着当时革命先烈们使用过的自制土炮、手枪、鱼叉等武器，以及使用过的生活用具，对革命先烈坚定的信念有了更直观、更深刻的了解，大家纷纷表示身处和平年代，更要以革命先辈为榜样传承光荣传统、优良作风和崇高精神，坚定理想信念，牢记初心使命，在推进行业高质量发展进程中展现新作为，以实际行动迎接党的二十大胜利召开！

（湖北建设监理协会　供稿）

河北省建筑市场发展研究会第四次会员代表大会暨第四届一次理事会隆重召开

2022年10月12日上午，河北省建筑市场发展研究会第四次会员代表大会暨第四届一次理事会在石家庄隆重召开。根据新冠肺炎疫情防控要求，本次大会采取线下、线上视频直播形式召开，应参会代表1000人，实参会代表998人。河北省住房和城乡建设厅党组成员副厅长徐向东同志、人事教育处处长李彦林同志、综合财务处处长刘占锋同志、建筑质量安全与行业发展处处长杜润博同志、机关党委副书记李建华同志、建筑市场监管处三级调研员齐辉同志出席大会，研究会领导及秘书处工作人员在直播现场参会，建筑、设计、招标代理、工程监理、工程造价咨询会员代表，高校、行业专家，分别在36个分会场参会，无法在分会场参会的，参加线上视频会议。

中国建设监理协会、中国建设工程造价管理协会向大会发来贺信，中国建设监理协会会长王早生同志发来视频讲话。

河北省住房和城乡建设厅人事教育处处长李彦林同志宣读《河北省住房和城乡建设厅关于河北省建筑市场发展研究会请示事项的批复》。

会议以举手表决方式审议通过了河北省建筑市场发展研究会第三届理事会工作报告、财务报告；以无记名投票方式表决通过了第四届理事会《章程》（修正案）、理事会组成方案说明议案、推选理事议案、推选监事议案、推选新闻发言人议案、会员管理办法议案、会费管理办法议案；第四届一次理事会以无记名投票方式表决通过了推选常务理事议案，推选会长、副会长、秘书长、法定代表人议案，推选秘书长提名副秘书长议案。

大会选举产生了第四届理事会，共有333名理事，111名常务理事，倪文国当选会长，王英等44名同志当选副会长，穆彩霞当选秘书长兼法定代表人，石琼当选监事，徐洪剑、李静文、王崇当选副秘书长。大会圆满完成各项议程。

（河北省建筑市场发展研究会　供稿）

武汉市工程建设全过程咨询与监理协会党支部集中收听收看党的二十大开幕会

2022年10月16日上午，中国共产党第二十次全国代表大会在人民大会堂开幕，习近平代表第十九届中央委员会向党的二十大作报告。武汉市工程建设全过程咨询与监理协会党支部联合中韬华胜工程科技有限公司党委委员以及党员同志们怀着激动、兴奋和喜悦的心情通过网络直播第一时间聆听习近平总书记所作的党的二十大报告，认真学习领会会议精神。

两个小时的直播，大家聚精会神地学习聆听习近平总书记所作的报告，心情激动、备受鼓舞、感受深刻。大家一致认为，党的二十大是在全党全国各族人民迈上全面建设社会主义现代化国家新征程、向第二个百年奋斗目标进军的关键时刻召开的一次十分重要的大会，对鼓舞和动员全党全军全国各族人民坚持和发展中国特色社会主义、全面建设社会主义现代化国家、全面推进中华民族伟大复兴具有重大意义。大家纷纷表示，报告高瞻远瞩，思想深邃，字字千钧，催人奋进，令人备受鼓舞、倍增动力。

武汉市多家监理咨询企业也积极组织单位员工、项目职工集中学习收听收看开幕活动。

武汉市工程建设全过程咨询与监理人将全面准确深入学习领会报告精神实质，迅速把思想和行动统一到党的二十大各项决策部署上来，把服务党和国家事业发展全局的决心和意志体现到行业服务和协会工作上来，踔厉奋发、勇毅前行、团结奋斗，奋力谱写行业发展中国家新篇章，在新的“赶考之路”上继续创造属于武汉市全过程咨询与监理人自己的新奇迹。

（武汉市工程建设全过程咨询与监理协会　供稿）

广东省建设监理协会成功举办中南八省建设监理协会工作交流会议

2022 年 10 月 28 日，由广东省建设监理协会主办的“交流融通 创新发展”中南八省建设监理协会工作交流会于美丽的侨乡潮州成功举行。中国建设监理协会会长王早生、中国建设监理协会副会长兼秘书长王学军和协会会长孙成出席会议，广东省住房和城乡建设厅建筑市场监管处周卓豪处长因疫情未能出席会议，向大会转达欢迎辞。中南地区六省建设监理协会（河南、安徽两省代表因疫情，线上参会）主要负责人及企业代表共 100 余人现场参加会议。会议由协会监事长黎锐文主持。本次交流会采用线上、线下相结合方式进行。据统计，本次交流会议直播平台累计观看观众超过了 3.3 万（人次），点赞数超过 5570。

来自中南八省业内资深专家和行业精英，以及中国建设监理协会专家委员会专家与港澳地区行业学者，就适应高质量发展形势，促进工程监理转型升级等分别从行业发展规划、智慧监理的实践运用、企业文化建设和粤港澳大湾区合作机制及“一带一路”国际化拓展等方面内容，做了专题精彩演讲。

北京交通大学经济管理学院刘伊生教授、恒实建设管理股份有限公司技术中心主任任兵、华众联创设计顾问（横琴）有限公司总经理闫澍、广州万安建设监理有限公司总工程师邹益群、广州市市政工程监理有限公司党支部书记梁雄文进行了经验分享。

会议围绕如何提高工程监理企业竞争力、促进企业转型升级、优化监理服务模式，赋能企业高质量发展等当前大家共同关注的话题，为线上线下的观众奉献了一场智慧迸发的交流盛会。本次会议的成功举办，加强了中南地区兄弟各省之间交流和融合，对持续推动监理行业改革创新，携手打造监理事业高质量发展奠定了良好的基础。

（广东省建设监理协会　供稿）

吉林省建设监理协会第六届第一次会员代表大会胜利召开

2022 年 11 月 16 日，吉林省建设监理协会第六届第一次会员代表大会在长春召开，会议选举产生了新一届理事会和常务理事会。中国建设监理协会会长王早生、吉林省住房和城乡建设厅质量监督站李洋出席会议并讲话。会员代表等 200 余人参加了会议。

会议审议通过了吉林省建设监理协会第五届理事会工作报告、财务报告、换届总监票人、监票人和计票人名单及产生情况说明、吉林省建设监理协会章程（修改稿）、吉林省建设监理协会会费收取及管理办法、吉林省建设监理协会新增单位会员。选举产生了协会第六届理事会和常务理事会。张明当选第六届协会会长，安玉华当选第六届协会副会长兼秘书长，葛传宝等 21 名同志当选第六届协会副会长，祝颖慧、张力当选协会副秘书长。

新当选的第六届协会会长张明发表就职讲话。肯定了全体会员的努力下所取得的显著成绩，感谢各位会员的信任，表示自己会切实履行好岗位职责，尽心竭力干好工作，不辱使命。在工程监理行业发展中，应把握行业发展的阶段性特征，贯彻新发展理念，引领吉林建设监理行业迈向高质量发展之路。以强烈的使命感和责任感、决心和勇气，带领行业携手同行、开拓进取，使企业更加振兴，使行业更加繁荣。副会长兼秘书长安玉华代表吉林省建设监理协会理事会向中国建设监理协会等 17 家发来贺信的兄弟协会表示了感谢。

大会为 2021 年度先进工程监理企业、优秀总监理工程师进行了颁奖。

中国建设监理协会王早生会长对吉林省建设监理协会取得的成绩给予了肯定，并结合行业发展新形势对吉林企业提出两点建议。一要继续深化改革。在业务模块、组织结构、人才培养、人员配备上跟上形势发展变化，适应全过程发展需要。二要做好信息化建设，引领监理行业高质量发展的重要机遇期，以数字化、网络化、智能化转型推动监理行业实现质量变革、效率变革、动力变革的管理服务新模式。

（吉林省建设监理协会　供稿）

河南省建设监理协会党支部组织召开专题组织生活会

按照省住房城乡建设厅机关党委工作部署和要求，2022 年 11 月 22 日上午，省建设监理协会党支部以“深入学习习近平总书记视察安阳重要讲话精神大力弘扬红旗渠精神”组织召开了专题组织生活会。省建设监理协会党支部书记、会长孙惠民同志主持会议，党支部副书记、秘书长耿春同志及党支部全体党员同志参加会议，协会秘书处部分中层干部列席会议。

会议集中学习了习近平总书记视察安阳重要讲话精神，观看了中央电视台《国家记忆》栏目播出的专题片《根脉——红旗渠精神》。围绕会议主题，参会人员紧密联系实际，就如何发挥职能优势，为企业发展提供优质服务开展讨论交流，进一步统一了思想认识，厘清了工作思路，明确了努力方向，达到了生活会的目的。

围绕学习贯彻习近平总书记视察安阳重要讲话精神与学习贯彻党的二十大精神，会议强调，一要切实提高认识，进一步强化思想政治教育。二要联系工作实际，切实抓好贯彻落实，进一步树牢服务意识，牢固树立“以会员为中心”的思想，真正把为会员、为行业、为政府服务的意识转化为实际行动。三要强化自身建设，推进协会党建高质量发展。以党建激发动力，以业务工作检验成效、体现作用，推动党建业务互促共进，以党建高质量带动协会和河南省监理行业的高质量发展。

（河南省建设监理协会　供稿）

武汉市工程建设全过程咨询与监理协会“安康杯——筑牢质量安全线　匠心献礼二十大”演讲比赛线上答题颁奖活动圆满结束

2022 年 12 月 9 日，由武汉市工程建设全过程咨询与监理协会和武汉市建筑行业工会联合会共同主办的“安康杯——筑牢质量安全线 匠心献礼二十大”演讲比赛网络有奖知识竞赛颁奖活动圆满结束，本次颁奖活动采用线上直播的形式，来自 15 家企业的 101 名选手光荣上榜。

自 10 月 20 日起，演讲比赛同步线上答题和互动投票活动，平台参与人数达到 100777 人，投票平台访问量达 11.9 万次，受到建筑行业同行和社会各界的高度关注。

本次大赛的题库是由协会党支部和专家委创建的党史和工程质量安全专业试题组成，本次答题活动充分发挥了专业性，激发了全行业的学习热潮！

本次活动的开展也受到了全国建筑行业同仁和社会各界的殷切关注，赢得了社会各界的支持，得到中国建设监理协会、省住房城乡建设厅、市城建局、市民政局、武汉市社会组织综合党委等单位的高度重视和充分肯定。通过此次活动，展现了武汉市监理咨询人的学习热情和精神风貌，是武汉市监理咨询人在党的二十大精神的感召下的一次深刻的学习实践。

（武汉市工程建设全过程咨询与监理协会　供稿）

内地与港澳地区同行业监理协会（学会）座谈会在广西南宁顺利召开

为推动内地与港澳地区监理社会组织工作和行业发展情况交流、相互借鉴成熟做法，共同促进内地与港澳地区监理行业健康发展，2022 年 11 月 25 日，由中国建设监理协会发起组织的“内地与港澳地区同行业监理协会（学会）座谈会”在广西南宁顺利召开。住房和城乡建设部建筑市场监管司一级巡视员卫明、中国建设监理协会会长王早生、香港测量师学会建筑测量组主席张文滔、副主席李海达、澳门工程师学会理事长萧志泳、中国建设监理协会副会长兼秘书长王学军、中国建设监理协会副会长李明安、中国交通建设监理协会副理事长李明华、中国水利工程协会副会长兼秘书长周金辉、广西建设监理协会会长陈群毓等十余人参加了会议。会议由中国建设监理协会副会长李明安主持。

王早生会长为本次会议致辞。他表示，内地与港澳地区要通过合作，进一步增强各自发展动能，为全面贯彻党的二十大精神共同发力，强化思想引领，强化担当作为。支持香港澳门同各地区各行业更加开放、更加密切地交往合作，巩固开创监理发展的新局面。他强调，座谈会通过共同交流内地与港澳地区同行业发展现状、自律管理情况、服务会员工作以及监理行业未来发展探讨等，加强内地与港澳地区监理行业的沟通交流，共同促进内地与港澳地区监理行业的高质量发展。

澳门工程师学会理事长萧志泳、香港测量师学会建筑测量组主席张文滔分部介绍了学会的成立背景、会员组成等相关情况。中国交通建设监理协会副理事长李明华、中国水利工程协会副会长兼秘书长周金辉分别介绍了行业发展现状及存在的主要矛盾和问题，希望同港澳地区共同培养行业优秀人才，发挥专业技能优势。中国建设监理协会副会长李明安介绍了中国建设监理协会的基本情况、建设监理行业的发展概况、行业自律管理情况等。

住房和城乡建设部建筑市场监管司一级巡视员卫明肯定了此次座谈会的意义。他介绍了中国建筑产业发展的情况以及对建筑业高质量发展的思考，希望内地与港澳地区同行业监理协会（学会）加强对行业发展研究，相互借鉴，共同提高，充分发挥监理服务在保障工程质量安全方面的积极作用，共同促进建筑产业治理体系完善，治理能力提高，推进建筑产业现代化体系建设。讲好中国故事，促进以人为本的工程项目建设发展，推动好房子、好工程的高质量发展。

中国建设监理协会副会长兼秘书长王学军作总结发言。他认为，此次座谈会对于落实党的第二个百年奋斗目标，加强内地与港澳地区同行业监理协会（学会）联系、沟通与交流，相互借鉴成熟做法，共同促进监理行业高质量健康发展有着重要意义，希望此类会议能够延续下去。

政策法规

2022年4月29日–9月27日公布的工程建设标准

序号	标准编号	标准名称	发布日期	实施日期
		国标		
1	GB 55032—2022	《建筑与市政工程施工质量控制通用规范》	2022/7/15	2023/3/1
2	GB 55033—2022	《城市轨道交通工程项目规范》	2022/7/15	2023/3/1
3	GB 55036—2022	《消防设施通用规范》	2022/7/15	2023/3/1
4	GB 55031—2022	《民用建筑通用规范》	2022/7/15	2023/3/1
5	GB/T 50458—2022	《跨座式单轨交通设计标准》	2022/7/15	2022/12/1
6	GB 50161—2022	《烟花爆竹工程设计安全标准》	2022/9/8	2022/12/1
7	GB/T 51450—2022	《金属非金属矿山充填工程技术标准》	2022/9/8	2022/12/1
8	GB/T 51429—2022	《农业建设项目验收技术标准》	2022/9/8	2022/12/1
9	GB/T 50779—2022	《石油化工建筑物抗爆设计标准》	2022/9/8	2022/12/1
10	GB/T 50547—2022	《尾矿堆积坝岩土工程技术标准》	2022/9/8	2022/12/1
11	GB/T 50759—2022	《油气回收处理设施技术标准》	2022/9/8	2022/12/1
12	GB 55030—2022	《建筑与市政工程防水通用规范》	2022/9/27	2023/4/1
		行标		
1	CJJ/T 313—2022	《城镇排水行业职业技能标准》	2022/4/29	2022/8/1
2	CJJ/T 314—2022	《市域快速轨道交通设计标准》	2022/4/29	2022/8/1
3	JGJ/T 493—2022	《智能楼宇管理员职业技能标准》	2022/4/29	2022/8/1
4	CJJ/T 34—2022	《城镇供热管网设计标准》	2022/4/29	2022/8/1
5	JGJ/T 495—2022	《住房公积金业务档案管理标准》	2022/8/1	2022/12/1

浅谈监理对施工机具的安全管理要点

李 阳
北京英诺威建设工程管理有限公司

摘 要：施工机具是施工现场完成施工内容的辅助工具之一，本文所指的施工机具是指除建筑起重机械、土石方机械、地下施工机械、桩工机械等大型机械设备以外的建筑施工机具，其中主要包括混凝土机械、钢筋加工机械、木工机械、焊接机械、场内机动车辆、其他中小型机械等施工机具。笔者于2021年参编了《建筑工程安全生产管理与技术实用手册》的第12章施工机具，主要是从技术的角度进行讲解，本文则从监理的角度，浅谈监理在施工机具安全管理中的管理要点。

关键词：施工机具；监理；安全管理

一、相关依据

现行的施工机具的使用与管理相关依据，主要包括：《建设工程监理规程》DB11/T 382—2017、《施工现场机械设备检查技术规范》JGJ 160—2016、《建筑施工安全检查标准》JGJ 59—2011 和《建筑机械使用安全技术规程》JGJ 33—2012 等国家现行有关标准的规定。

二、施工机具的常见事故类型

危险性较大分部分项工程容易发生群死群伤的重大事故，参建单位会高度重视，而施工机具可能因为引起安全事故及伤害影响小而被参建各方所忽视，因此，监理要慎始如终，从思想上重视，在日常监理工作中加强施工机具的安全管理相关工作。

施工机具的常见的事故类型主要涉及以下方面：

1. 机械运动部件伤害：各种施工机械的运动部件都可以造成对人体的伤害，如运动中的皮带轮、飞轮、开式齿轮，钢筋切断机刀片、搅拌机等。

2. 弹出物体打击事故。

3. 触电事故。

4. 火灾事故。

5. 碰击和刮蹭事故。

6. 其他因施工机具产生的巨大噪声、振动、灰尘等对人体的伤害。主要有搅拌机、混凝土泵等的噪声、振动伤害等。

三、安全管理组织措施

1. 建立以总监负责、安全监理人员主管、全员参与的组织模式

项目监理部应建立安全管理组织，实行总监理工程师负责制，安全管理责任到人。总监是监理项目安全管理的责任人，依据监理合同的约定和监理项目的特点设立专职或兼职安全管理人员，明确各岗位监理人员的安全管理职责。专职安全管理人员要全面掌握有关部门安全生产管理的法律、法规、工程建设强制性标准和相关规范、标准及文件，

加强对施工安全的监督管理，其他监理人员应积极协助、配合，完成本专业监理过程中涉及的安全管理职责。

2. 对监理人员进行安全培训

建立和落实监理人员内部安全生产教育培训制度，总监及安全管理人员须经安全生产教育培训后上岗，其教育培训情况记入个人继续教育档案。

总监组织项目监理部监理人员进行安全管理专项培训。学习与被监理项目相关的安全法律、法规等文件，共同研讨项目在安全管理方面的特点、注意事项和对策，分析近期安全管理重点，不断提高安全管理工作水平和质量。

3. 加强安全交底工作

由总监主持召开施工监理交底会。安全管理交底的主要内容如下：

1）明确本工程适用的国家和当地有关工程建设安全生产的法律法规和技术标准。

2）阐明合同约定的参建各方安全生产的责任、权利和义务。

3）介绍施工阶段安全管理工作的内容。

4）介绍施工阶段安全管理工作的基本程序和方法。

5）提出有关施工安全资料报审及管理要求。

项目监理部编制施工安全管理交底会会议纪要，并经与会各方会签后及时发出。

4. 安全专题会议制度

1）项目监理部在安全管理工作过程中，遇到下列情况时，应及时召开安全专题会议。

（1）对于高中度风险的施工区域或分部分项工程，项目监理部提出的要求或措施迟迟得不到落实时。

（2）因施工现场安全管理体系不健全，已经给现场安全管理工作带来较严重影响时。

（3）项目监理部在安全专项检查工作中，发现重大安全事故隐患时。

（4）建设单位对施工现场安全工作有特殊要求时。

（5）上级建设行政主管部门对现场进行安全检查后，有重大整改要求时。

2）由总监理工程师或安全管理人员主持，施工单位项目负责人、现场技术负责人、现场安全管理人员及相关单位人员参加。会议内容如下：

（1）分析施工现场存在重大安全问题的原因。

（2）研究解决重大安全问题的办法和措施。

（3）明确责任人及落实时间。

3）监理人员应做好会议纪要，及时整理会议纪要。会议纪要应要求与会各方会签，监理单位要由总监理工程师签发，及时发至相关各方，并有签收手续。

5. 项目监理部日常安全巡视制度

监理人员每日对施工现场的全巡视，每次巡视的内容须及时填入该工程的监理日记中，日常安全巡视主要工作如下：

1）安全管理过程中，要始终贯彻“查思想、查制度、查人员落实、查措施、查隐患”的“五查”制度。

2）检查施工单位现场安全生产保证体系运行情况。

3）检查施工技术措施和专项方案的落实情况。

4）检查施工单位执行工程建设强制性标准的情况。

四、安全管理的监理工作手段

在施工安全管理工作中，监理人员通过日常巡视及安全检查，发现违规施工和存在安全事故隐患的，应视情况采取下列手段：

1. 口头指令：监理人员在日常巡视中发现施工现场的一般安全事故隐患，凡立即整改能够消除的，可通过口头指令向施工单位管理人员予以指出，紧急情况时可直接向操作人员指出，并及时向施工单位管理人员指出，监督其改正，并在监理日记中记录。

2. 工作联系单：如口头指令发出后施工单位未能及时消除安全事故隐患，或者监理人员认为有必要时（如同样问题再次发生），应发出工作联系单，要求施工单位限期整改，监理人员按时复查整改结果，并在项目监理日志中记录。

3. 监理通知：当发现安全事故隐患后，安全管理人员认为有必要时，总监理工程师或安全管理人员应及时签发有关安全的监理通知，要求施工单位限期整改并限时书面回复，安全管理人员按时复查整改结果。监理通知应抄报建设单位。

4. 工程暂停令：当发现施工现场存在重大安全事故隐患时，总监理工程师宜及时和建设单位沟通，签发工程暂停令，暂停部分或全部在施工程的施工，并责令其限期整改；经安全管理人员复查合格，总监理工程师批准后方可复工。

5. 监理报告：按照《建设工程监理规程》DB11/T 382—2017 的要求，经上述措施后，施工单位拒不整改或者不停止施工的，项目监理机构应及时向主管部门提交监理报告。

五、施工机具使用前的安全管理要点

首先，项目监理部应当审查施工组织设计或者专项施工方案中涉及的施工机具安全技术措施是否符合相关标准的要求。施工机具操作中涉及的特种设备操作人员应经过专业培训、考核合格取得住房城乡建设行政主管部门颁发的操作证，并应经过安全技术交底后持证上岗。项目监理部应留存复印件（加盖提供单位公章）。

其次，为建设工程提供机械设备和配件的单位，应当按照安全施工的要求配备齐全有效的保险、限位等安全设施和装置。出租的机械设备和施工机具及配件，应当具有生产（制造）许可证、产品合格证。出租单位应当对出租的机械设备和施工机具及配件的安全性能进行检测，在签订租赁协议时，应当出具检测合格证明。禁止出租检测不合格的机械设备和施工机具及配件。机械必须按出厂使用说明书规定的技术性能、承载能力和使用条件，正确操作，合理使用，严禁超载、超速作业或任意扩大使用范围。

最后，检查施工技术人员应向操作人员进行安全技术交底记录，交底记录应签字齐全有效。作业前检查施工单位应为机械提供道路、水电、作业棚及停放场地等作业条件，夜间作业应提供充足的照明条件，如发现隐患应及时消除。机械设备的地基基础承载力应满足安全使用要求。机械安装、试机、拆卸应按使用说明书的要求进行，使用前应经专业技术人员验收合格。操作人员应熟悉作业环境和施工条件，并应听从指挥，遵守现场安全管理规定。机械使用前，应对机械进行检查、试运转。

六、施工机具作业过程中的安全管理要点

作业过程中，相关操作人员应按规定使用劳动保护装备，高处作业时应系安全带。

操作时，应集中精力，正确操作，并应检查机械工况，不得擅自离开工作岗位或将机械交给其他无证人员操作。无关人员不得进入作业区或操作室内。操作人员应根据机械有关保养维修规定，认真及时做好机械保养维修工作，保持机械的完好状态，并应做好维修保养记录。

实行多班作业的机械，应执行交接班制度，填写交接班记录，接班人员上岗前应认真检查。

七、施工机具作业完成的安全管理要点

作业完成，机械集中停放施工现场平面布置的相应场所及位置，应设置警戒区域，悬挂警示标志，并应按规定配备消防器材，周边不得堆放易燃、易爆物品，非工作人员不得入内。

停用一个月以上或封存的机械，应做好停用或封存前的保养工作，并应采取预防风沙、雨淋、水泡、锈蚀等措施。

机械不得带病运转。检修前，应悬挂“禁止合闸，有人工作”的警示牌。严禁带电或采用预约停送电时间的方式进行检修。清洁、保养、维修机械或电气装置前，必须先切断电源，机械停稳后再进行操作。机械使用的润滑油（脂）的性能应符合出厂使用说明书的规定，并应按时更换。

新机械、经过大修或技术改造的机械，应按出厂使用说明书的要求和现行国家、行业标准的规定进行测试和试运转。

当发生机械事故时，应立即组织抢救，并应保护事故现场，应按国家有关事故报告和调查处理规定执行。

结语

目前，在项目安全监理实际中，发现施工单位在施工机具的安全管理方面普遍存在以下问题，供监理同仁参考：

1. 以包代管。施工单位使用分包单位或者租赁单位的施工机具，忽视了对其的安全管理要求。

2. 施工单位无专业的管理人员。

3. 操作人员未经培训上岗作业。

4. 机械设备进场验收流于形式，不合格机械进场使用。

5. 施工机具的设备安全保护装置不全或失效。

6. 未按规定搭设防护棚或设置警戒区域。

7. 电气设备不符合要求等。

综上所述，简要地梳理了一下监理对施工机具安全管理方面的要点及普遍存在的问题，项目监理部应结合项目的实际情况，加强施工现场常用施工机具的相关技术学习，不断提高安全管理工作水平，为工程的顺利实施提供保障条件。

参考文献

[1] 建设工程监理规程：DB11/T 382—2017[S]. 北京：中国计划出版社，2017.
[2] 施工现场机械设备检查技术规范：JGJ 160—2016[S]. 北京：中国建筑工业出版社，2017.
[3] 建筑施工安全检查标准：JGJ 59—2011[S]. 北京：中国建筑工业出版社，2012.
[4] 建筑机械使用安全技术规程：JGJ 33—2012[S]. 北京：中国建筑工业出版社，2012.

丰台站项目基坑监测技术与控制要点

杨振中
北京赛瑞斯国际工程咨询有限公司

摘　要：深基坑监测在工程中耳熟能详，但由于各个基坑水文地质、围护结构及周边环境不同，故采用的监测项目和方法会有所不同。本文根据丰台站基坑监测实际情况总结确保基础稳定的监测技术与控制要点。

关键词：深基坑；监测方法；监测频率；报警值

一、工程概况

站房基坑工程总面积约为12.26万m^2。东西向长约498m，南北向长约366m；开挖深度西站房为5.4m，中央站房为11.6m；局部柱墩及行包通道基坑为坑中坑，坑深约为1.1m和4.65m；北侧行包通道处最深为6.2m；东站房、雨棚基础承台基坑最大开挖深度为5.934m，综合现场情况，设计院确定对围护桩、坡顶、周边地表、锚索轴力、支撑轴力进行监测。

二、基坑监测重点

1. 监测关键项目

1）围护桩顶水平及竖向位移监测；

2）围护桩深层水平位移监测；

3）坡顶水平及竖向位移监测；

4）周边地表竖向沉降监测；

5）锚索轴力监测；

6）支撑轴力监测；

7）临近建（构）筑物沉降及倾斜监测；

8）邻近既有铁路、地铁运营线路专项监测。

2. 巡视监测设施状况

1）基准点、监测点完好状况；

2）监测元件的完好及保护情况；

3）有无影响观测工作的障碍物。

3. 监测数据分析

通过对现场的监测结果进行分析、研究，将监测结果用于反馈优化设计及指导施工。

三、基准点、监测点埋设方法

（一）基准点、工作基点

丰台站工程的平面监测控制基准点选用4个，高程基准点3个，基准点均为高等级大地测量控制点，选择在施工影响范围之外通视良好、稳固的地方，根据《建筑变形测量规范》JGJ 8—2016的要求进行埋设；点位埋设稳固、美观，便于对基准点进行联测。

基准点采用深埋标石的方式进行埋设，埋设方法如下（图1、图2）：

1. 使用Φ150mm工程钻具，开挖直径约150mm，深度达到砂卵石层、岩层或者压缩变形小的硬土。

2. 清除渣土，向孔洞内部注入适量清水养护。

3. 在孔中心置入打磨圆滑的钢筋头（或采购的水准点测钉），并露出混凝土面约1~2cm；灌入水泥砂浆，并振捣密实，砂浆顶面距地表保持在5cm左右。

4. 上部加装钢制保护盖。

5. 养护3天以上以保证灌入洞内的水泥砂浆终凝不会使控制点活动。

（二）坑外地表沉降

1. 布设原则

按照设计图纸及规范要求，监测点

沿平行基坑周边边线布设成监测剖面的形式，主要布设在坑边中部或其他有代表性的部位，监测剖面与坑边垂直。每排监测断面布设的监测点为 4 个，断面点间距宜为 3~8m（见图 3）。

2. 布设方法

当地表沉降点设置于道路或是有车辆来往地段时，在测点处钻一直径不小于 110mm、深约 20 ~ 60cm 的孔，钻孔深度根据硬路面层厚确定，钻孔应打穿地表层。然后在孔内插入长 100 ~ 120cm 的圆头钢筋至软土层中，钢筋头低于地面 5 ~ 10cm，并用细砂将钢筋头以下部位填实（图 3）。

当地表沉降点布置于空地时，直接在地表打入 100 ~ 120cm 的圆头钢筋（直径≥ 12mm）至土层，超过冻土深度影响范围，地面采取保护措施，保证测点不被破坏。

点位附近均做上明显标记（标记点号涂上红油漆）。

监测点埋设完成稳定后用水准仪测得监测点的标高，并以三次测得数据的平均值设置初始高程。

（三）边坡坡顶竖向及水平位移监测

1. 布设原则

边坡坡顶竖向及水平位移监测应符合以下要求：监测点应沿基坑周边布设，且监测等级为一级、二级时，布设间距宜为 10~20m；监测等级为三级时，布设间距宜为 20~30m（监测等级按《城市轨道交通工程监测技术规范》GB 50911—2013 的要求划分）；基坑各边中间部位、阳角部位、深度变化部位、邻近建（构）筑物及地下管线等重要环境部位、地质条件复杂部位等，应布设监测点；对于出入口、风井等附属工程的基坑，每侧的监测点不应少于 1 个；监测点应布设在桩（坡）顶上。

2. 布设方法

标志采用经防锈处理的强制对中螺栓，埋设时应注意与工作基点及基准点间的通视，保证强制对中螺栓顶面基本水平。坡体采用插入螺纹钢筋的形式埋设。

（四）围护桩顶部竖向及水平位移监测

1. 布设原则

桩顶位移监测包括桩顶水平位移监测和桩顶竖向位移监测，按照监测规范的要求，水平和竖向位移监测点宜共用。因此水平位移和竖向位移监测点的布设原则和布设方法是一样的。

2. 布设方法

标志采用小棱镜，埋设时应注意与工作基点及基准点间的通视。桩（墙）结构采用电钻钻孔埋设。

（五）围护结构桩体变形监测

围护结构桩体变形监测通过埋设在桩体内部的测斜管，使用测斜仪进行桩体变形的监测。因此测斜管的埋设质量直接决定了桩体变形监测的精度和可靠性。

1. 布设原则

监测点应沿基坑周边的桩布设，且监测等级为一级、二级时，布设间距宜为 20~40m，监测等级为三级时，布设间距宜为 40~50m；基坑各边中间部位、阳角部位及其他代表性部位的桩体应布设监测点；监测点的布设位置宜与支护桩顶部水平位移和竖向位移监测点处于同一监测断面。

2. 布设方法

深层水平位移监测主要是通过埋设的测斜管，按照监测频率利用测斜仪采集其深度方向离开以底部为原点的垂线的偏移位移，从而确定围护结构深层水平位移。测点布设即是测斜管的埋设。桩（土）体深层水平位移监测点的埋设方法根据基坑围护结构形式主要分为两种：钻孔法和绑扎法，钻孔法适用于放坡开挖的基坑，绑扎法适用于采用地下连续墙、工法桩、钻孔灌注桩等围护结构的基坑。本基坑工程的围护结构采用

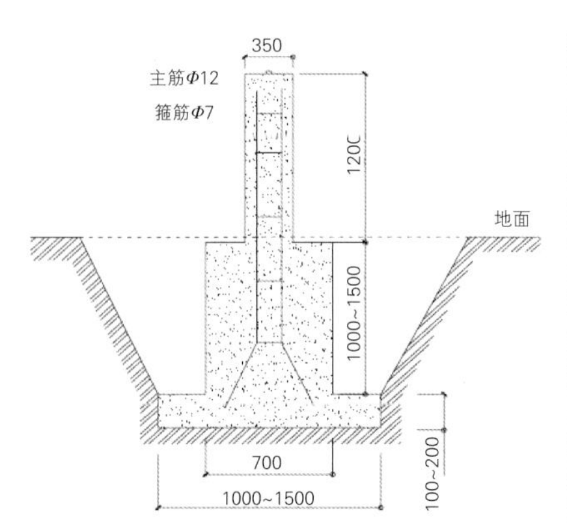

图1　观测墩式工作基点埋设示意图（单位：mm）

图2　观测墩式工作基点实物示意图

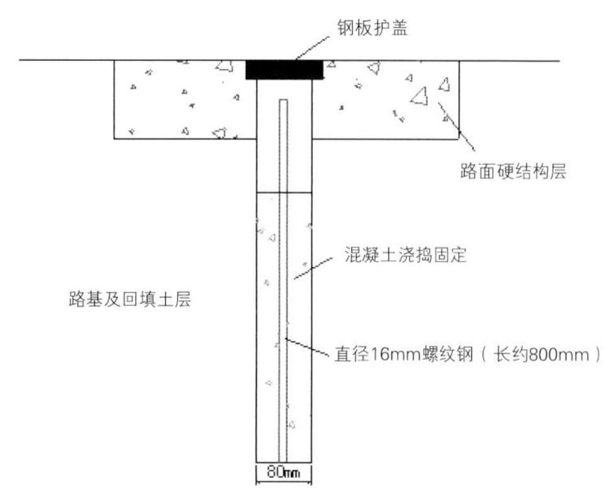

图3　地表沉降测点布设示意图

钻孔灌注桩的形式，因此测斜管的埋设方法选用绑扎法，埋设方法为测斜管使用管径70mm，内壁有十字滑槽的PVC管，管长与围护结构钢筋笼等长。安装时将测管固定在墙体的钢筋笼内，绑扎牢靠，注意使其一对槽口必须与基坑边线垂直，并随钢筋笼一起埋入地下连续墙槽中，并在测斜管内注满清水后封好顶盖，防止测斜管在浇筑混凝土时浮起，上下管口用盖子密封，防止泥浆渗入管内（图4、图5）。

（六）支撑内力监测

混凝土支撑钢筋计的布设方法：钢筋计焊接在钢筋主筋上，当作主筋的一段，焊接面积不应少于钢筋的有效面积，在焊接钢筋计时，为避免热传导使钢筋计零点漂移增加，需要采取冷却措施，用湿毛巾或流水冷却是常采用的有效方法。安装前首先测量一下钢筋计的初频，看是否与出厂时的初频相符合（≤ ±20Hz），若不合格，则应该更换传感器；通常先将钢筋计通过螺纹与钢筋杆连结，然后将钢筋杆与受力钢筋同轴线对焊，注意保持钢筋应力计、钢筋杆与受力钢筋在同一轴线上），采用坡口焊或熔槽焊将钢筋计焊接在被测钢筋上；钢筋混凝土支撑的监测截面宜布置在支撑长度的1/3部位；在焊接时要注意传感体部分的温度，保护传感体环氧防潮层，避免破坏绝缘性能，可采取包裹湿布浇水降温的措施。钢筋应力计连接完毕，沿着受力钢筋引出的导线要用胶布绑扎固定保护好，避免受到损坏。浇注混凝土时注意不得损坏导线，也不得使传感体承受过大的弯曲应力，以防局部过负荷和破坏绝缘层（图6、图7）。

（七）锚索应力监测

1. 布设原则

对于边坡处置工程，一般是选择典型断面进行锚索应力变化观测，以掌握支护系统的受力状况及边坡的稳定性。根据本站点实际情况，考虑到全面覆盖不留死角的原则，测点布置均匀分布于各层各道，测量数量为锚索总数的5%，且同一土层中的锚索监测数量不少于3根。监测点位的具体数量根据设计要求确定。

2. 布设方法

根据结构设计要求，锚索计安装在张拉端或锚固端，将元件安设于张拉端，安装时钢铰线或锚索（杆）从锚索计中心穿过，测力计处于钢垫座和工作锚之间，锚索应力即以反力形式准确反映出来（图8）。

四、监测关键技术

（一）监测基准网

1. 竖向位移监测基准网

各基准点组成闭合水准路线，按照国家二等水准测量方法施测。选用精密水准仪。在观测前对所用的水准仪和水准尺按照有关规定进行检定，在使用过程中不得随意更换。

根据《工程测量标准》GB 50026—2020、《建筑变形测量规范》JGJ/T 8—2016、《建筑基坑工程监测技术标准》GB 50497—2019等有关规范的要求，垂直位移监测基准网的主要技术要求见表1：

图5　测斜管绑扎图

图6　钢筋计绑扎效果图

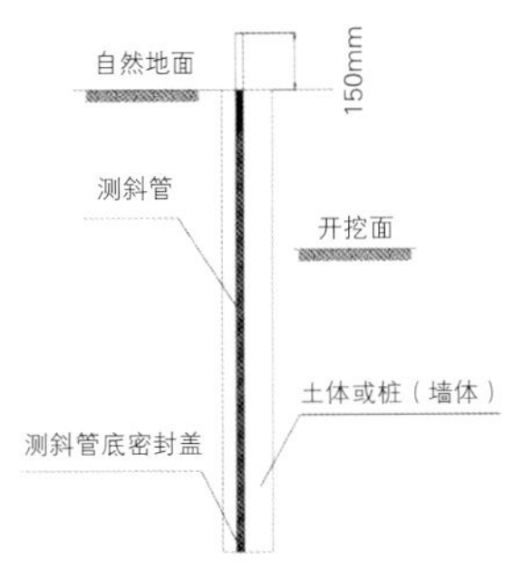

图4　测斜管埋设位置示意图

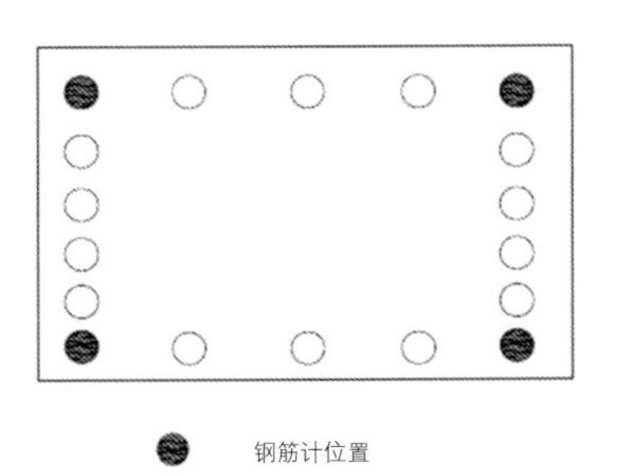

图7　钢筋计横断面上的埋设位置

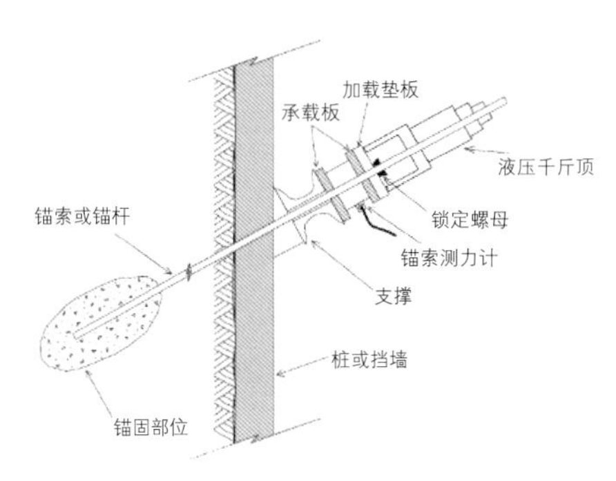

图8　锚索计安装方法示意图

垂直位移监测基准网技术要求　表1

序号	项目	限差
1	测站高差中误差	0.5mm
2	往返较差及环线闭合差	$\pm 1.0\sqrt{n}$mm（n为测站数）
3	检测已测高差较差	$\pm 1.5\sqrt{n}$mm（n为测站数）
4	视线长度	50m
5	前后视的距离较差	2m
6	任一测站前后视距差累计	3m
7	视线离地面最低高度	0.3m

2. 水平位移监测基准网

根据《工程测量标准》GB 50026—2020、《建筑变形测量标准》JGJ/T 8—2007、《建筑基坑工程监测技术标准》GB 50497—2019等有关规范的要求，水平位移监测基准网的主要技术要求见表2：

水平位移监测基准网技术要求　表2

序号	项目	指标或限差
1	水平角观测测回数	6测回
2	测角中误差	1.0s
3	测边相对中误差	≤1/100000
4	每边测回数	往返各4测回
5	距离一测回读数较差	1mm
6	距离单程各测回较差	1.5mm
7	气象数据测定的最小读数	温度0.2℃，气压50Pa

竖向位移和水平位移基准网测量周期定为3个月一次，监测点数据若存在系统误差时，应随时复测基准网。

（二）监测初始值采集

为取得基准数据，各观测点在施工前随施工进度及时设置，并应在开工前一周进行初始值采集，取三次独立稳定监测的平均值为监测点的初始值。各监测项目初始值的确定，详见（表3~表5）的描述。

（三）水平位移监测

1. 监测方法

采用极坐标法使用全站仪进行监测，首先在基准点架设全站仪，测量起始方向到工作基点的水平角和基准点到工作基点的距离，通过计算得到工作基点坐标；量测各测点与工作基点的水平角和工作基点与各测点的距离，通过计算得到各测点的坐标值，两次坐标值的差就是测点位移变化量。

2. 监测仪器

采用全站仪（测量机器人）进行监测。

（四）竖向位移监测

1. 监测方法

监测点与基准点、工作基点组成闭合水准路线，按照国家二等水准测量方法进行施测。选用精密水准仪。在观测前对所用的水准仪和水准尺按照有关规定进行检定，在使用过程中不得随意更换。为确保观测精度观测措施制定如下：

作业前编制作业计划表以确保外业观测有序开展。

观测前对水准仪及配套因瓦尺进行全面检验。

观测方法：往测奇数站“后—前—前—后”、偶数站“前—后—后—前”；返测奇数站“前—后—后—前”、偶数站“后—前—前—后”。往测转为返测时两根标尺互换。

2. 精度要求及初始值设置

1）外业测设完成后，对外业记录进行检查，严格控制各水准环闭合差，各项参数合格后方可进行内业平差计算。高程成果取位至0.1mm。

2）沉降监测按国家二等水准测量规范要求，历次沉降变形监测是通过工作基点间联测一条二等水准闭合线路，由线路的工作点来测量各监测点的高程，某监测点本次高程减前次高程的差值为本次沉降量，本次高程减初始高程的差值为累计沉降量。高程测量误差

测站视线长、视距差、视线高要求　表3

标尺类型	视线长度		前后视距差	前后视距累计差	视线高度
	仪器等级	视距			视线长度（下丝读数）
线条式因瓦尺	DS1	≤50m	≤1.0m	≤3.0m	0.3m
条码式因瓦尺	DS1	≤50m	≤1.5m	≤6.0m	≤2.8m且≥0.55m

测站观测限差　表4

基辅分划读数差	基辅分划所测高差之差	上下丝读数平均值与中丝读数之差	检测间歇点高差之差
0.4mm	0.6mm	3.0mm	1.0mm

精密水准测量的主要技术要求　表5

每千米高差中误差/mm		水准仪等级	水准尺	观测次数	往返较差、附合或环线闭合差/mm
±1	±2	DS1	因瓦尺	往返测各一次	$\pm 4\sqrt{L}$或$\pm 1.0\sqrt{n}$

注：L为往返测段，环线的路线长度以km计，n为测站数。

≤ 0.1mm。

3）测点埋设后进行 3 次初始值测量，在限差允许范围内取其平均值作为初始值。

4）垂直位移监测采用水准仪的 i 角不应大于 10″（一级）、15″（二级）、20″（三级），监测期应每月对 i 角进行检校。

3. 观测仪器

采用水准仪进行监测。

（五）桩体深层水平位移监测

1. 监测方法

观测时测斜仪探头沿导槽缓缓沉至孔底，在恒温一段时间（10 ~ 15min）后，自下而上每 50cm 逐段测出 X 方向上的位移。每测点均应进行正、反两测回量测。深层侧向变形计算时应确定固定起算点，起算点应设在测斜管的顶部，管口每次采用全站仪或经纬仪测量其位移，计算时孔口位移实测修正。“+”值表示向基坑外位移“–”值表示向基坑内位移。测试原理见图 9 所示。

2. 精度要求及初始值测定

测斜管在基坑桩基施工期间埋设，在基坑降水前分两次对每一测斜孔测量各深度点的倾斜值，取其平均值作为原始偏移值。

3. 监测仪器

采用测斜仪采集监测数据。

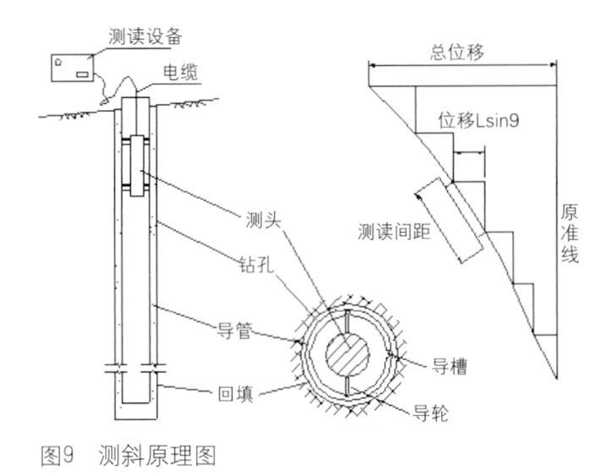

图9　测斜原理图

（六）支撑内力监测

为掌握混凝土支撑的设计轴力与实际受力情况的差异，防止围护体的失稳破坏，须对支撑结构中受力较大的断面、应力变幅较大的断面进行监测。支撑钢筋制作过程中，在被测断面的四侧对称埋设钢筋应力计，支撑受到外力作用后产生微应变，其应变量通过振弦式频率计来测定，测试时，按预先标定的率定曲线，根据应力计频率推算出混凝土支撑钢筋所受的力。

（七）锚索应力监测

1. 监测方法

基准值确定后，分级加荷张拉，主机进行张拉观测。一般每级荷载测读一次，最后一级荷载进行稳定观测，以 5 分钟测一次，连续两次读数差小于 1% 的量程为稳定，张拉荷载稳定后，应及时测读锁定荷载；张拉结束之后，根据荷载变化速率确定观测间隔，进行锁定后的观测。

锚索内力的数据处理及分析与钢支撑轴力数据处理及分析相同。

2. 精度要求及初始值测定

测力计安装就位后，加荷张拉钱，应准确测初始读数和环境温度，反复测读取其平均值作为观测基准值。

3. 监测仪器：锚杆测力计。

4. 基坑监测频率见表 6 所示。

5. 监测控制值及报警值见表 7 所示。

6. 效果评价

经过两年多的基坑监测，从监测单位提供的数据和判定结果来看，未发生报警情况，整体基坑安全稳定。

7. 监理控制要点

1）建筑基坑工程设计阶段应由设计方根据工程现场及基坑设计的具体情况，提出基坑工程监测的技术要求，主要包括监测项目、测点位置、监测频率和监测报警值等。

2）基坑工程施工前，应由建设方委托具备相应资质的第三方对基坑工程实施现场监测。

3）监测单位应编制监测方案。监测方案应经建设、设计、监理等单位认可，必要时还需与市政道路、地下管线、人防等有关部门协商一致后方可实施。

4）检查监测单位的资质、人员资格和检测仪器的检测报告有效性，审核元件的合格证和检定报告。

5）对监测单位根据监测方案布置的测点位置和数量进行验收，并盯控初

基坑监测频率　　表6

序号	监测项目	开挖期间（h：开挖深度）			底板浇注后时间/d				备注
		h≤5m	5m<h≤10m	h>10m	≤7	7~14	14~28	>1	
1	基坑及周围环境描述	1次/1d	1次/1d	2次/1d	2次/1d	1次/1d	1次/2d	1次/3d	应测
2	支护桩（墙）、边坡顶部水平位移	1次/2d	1次/1d	2次/1d	2次/1d	1次/1d	1次/2d	1次/3d	应测
3	支护桩（墙）、边坡顶部竖向位移	1次/2d	1次/1d	2次/1d	2次/1d	1次/1d	1次/2d	1次/3d	应测
4	支护桩（墙）体水平位移	1次/2d	1次/1d	2次/1d	2次/1d	1次/1d	1次/2d	1次/3d	应测
5	支撑轴力	1次/2d	1次/1d	2次/1d	2次/1d	1次/1d	1次/2d	1次/3d	应测
6	锚索轴力	1次/2d	1次/1d	2次/1d	2次/1d	1次/1d	1次/2d	1次/3d	应测
7	地表沉降	1次/2d	1次/1d	2次/1d	2次/1d	1次/1d	1次/2d	1次/3d	应测

站房基坑各监测项目监测报警值　　表7

序号	主要监测项目	控制值			
		邻近国铁运营线侧	邻近地铁10号线侧单排柱	邻近地铁10线侧双排柱	邻近地铁10号线车站侧双排柱
1	支护柱（墙）、边坡顶部水平位移	10mm	10mm	10mm	10mm
2	支护柱（墙）、边坡顶部竖向位移	20mm	20mm	20mm	20mm
3	支护墙（桩）水平位移	10mm	10mm	10mm	10mm
4	地面沉降	20mm	20mm	20mm	20mm
5	第一道锚索轴力	244kN	103kN	206kN	/
6	第二道锚索轴力	331kN	206kN	412kN	/
7	第三道锚索轴力	466kN	235kN	560kN	/
8	第一道支撑轴力	/	/	/	1959kN

始值的监测。

6）巡视检查监测单位对每个监测项目具体实施符合方案要求频率和实际测点的数据原始记录。

7）审阅监测单位的日报表和月报表，并对监测数据进行分析，重点是沉降曲线发展趋势，有无监测值突变及异常情况，以便制定针对性的应对措施。

8）有报警时，盯控施工单位严格按照预警响应、消警程序落实相关措施。

9）基坑工程完成后，及时督促监测单位编制监测工作总结并进行审查，为后续工程施工提供有利依据。

结语

深基坑监测是对基坑和周边环境提供间接保护的手段，根据具体的数据和观察，有效判定基坑和周边环境的安全状况。监理单位应委派一名测量工程师进行监督管理，务必保证数据与观察的真实性，防止发生误判。丰台火车站深基坑工程监测的成功应用，为类似工程施工提供经验参考。

参考文献

[1] 原涛．北京某深基坑变形监测方法实例分析[J]．城市地质，2016，11（1）：52-56．

大型盾构施工技术难点及质量安全控制要点

银征兵
北京赛瑞斯国际工程咨询有限公司

摘　要：盾构掘进是盾构施工中的主要工作内容，在掘进中会遇到不同的地质层，如何在各种地层中把控好盾构掘进质量，是盾构施工的重点和难点。通过对淤泥质土地层盾构施工相关技术总结分析，提高监理在同类型的施工工程中的现场质量安全管控。

关键词：淤泥质；土地层；盾构施工

结合台州市域铁路S1线一期土建施工二工区台州中心站至开发大道站区间中间风井盾构区间大型盾构施工，研究在淤泥质土地层中盾构施工的难点及控制要点，提高成型隧道施工质量，规避监理履约风险，同时提高现场安全质量管控能力，希望能对同类工程起到借鉴作用。

一、工程概况

台州市域铁路S1线一期土建施工台州中心站至开发大道站中间风井盾构区间隧道左线起讫里程：左S1ZDK3+568.338 ~ 左S1ZDK5+087.973，长度1500.752m（短链18.883m），右线起讫里程：右S1DK3+568.338 ~ 右S1DK5+090，长度为1521.662m。区间线间距13.5 ~ 16.5m。线路平面最小曲线半径为500m。最大纵坡为–3.05‰。隧道主要穿越（3）1黏土、（3）2黏土，上覆土层（1）黏土和（2）2淤泥，下卧土层（4）1黏土、（9）1含碎石粉质黏土、（10）1全风化熔结凝灰岩、（10）2强风化熔结凝灰岩、（10）3中等风化熔结凝灰岩。其中硬岩段凝灰岩RQD值约60~90，最大单轴饱和抗压强度约135MPa，平均抗压强度约95MPa。区间设置2处联络通道，1号联络通道位于里程S1DK4+954.677（S1ZDK3+947.381）。2号联络通道位于里程S1DK4+540.000（S1ZDK4+540.000）（图1）。结构形式为双洞单线，盾构外径8.8m，管片外径8.5m，内径7.7m，管片宽1.6m，0.4m厚C55，环向分块采用七块方式（表1），管片设计参数见表2，管片表面不得出现裂缝、破损、掉角等现象，根据技术规范要求，管片拼装精度见表3。

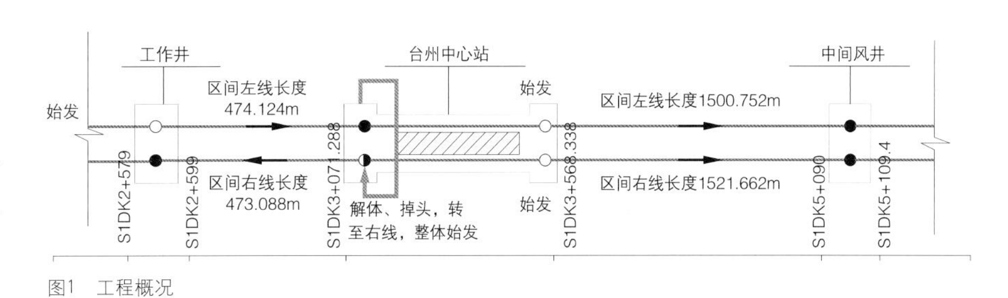

图1　工程概况

盾构隧道形象工程量表　　表1

单位工程	分部、分项工程		单位	工程量	备注
台州中心站至开发大道站中间风井盾构区间左线	盾构掘进与管片拼装	盾构掘进	m	1500.752	短链18.883m
		管片拼装	环	938	
台州中心站至开发大道站中间风井盾构区间右线	盾构掘进与管片拼装	盾构掘进	m	1521.662	
		管片拼装	环	952	

管片设计参数表　表2

项目	特征	备注
衬砌环外径	8500mm	
衬砌环内径	7700mm	
管片宽度	1600mm	
管片厚度	400mm	
衬砌环分块	1个封顶块、2个邻接块、4个标准块	共计7块
转弯环楔形量	49.6mm	双面楔形

管片拼装精度要求表　表3

序号	项目	允许偏差	检查频率
1	衬砌环直径椭圆度	±5‰D	10环
2	衬砌环轴线平面位置及高程	±50mm	1点/环
3	径向错台	5mm	4点/环
4	环向错台	6mm	4点/环

二、施工机械设备选型

本区间选用中铁装备410和海瑞克1070两台盾构机，参数表如表4所示。

三、施工中的主要工程技术难点

为了获得理想的掘进效果，保证开挖面稳定，不发生涌水、涌砂及坍塌等事故，有效控制地表沉降及确保地面建筑物安全，必须根据不同的地质条件选择不同的掘进模式。通过试验段的掘进选定了6个施工管理指标来进行掘进控制管理：①土仓压力；②推进速度；③总推力；④排土量；⑤刀盘转速和扭矩；⑥注浆压力和注浆量，其中土仓压力是主要的管理指标。台州市域铁路S1线在盾构施工过程中，穿越多个淤泥质土地层，盾构施工掘进过程若出现盾构机上浮、盾构掘进姿态难以控制，将进而导致管片破损、隧道渗漏、地表沉降等一系列病害，这些病害对成型隧道的质量及后期隧道运营的安全都会造成影响。

1. 针对主要技术难点采取的措施

淤泥质土地层中抑制盾构机上浮的控制措施及盾构机姿态的控制措施：

当盾构机出现上浮情况时，应及时采取控制上下油缸油压差值的措施，采取小幅度“栽头”的趋势掘进（例如：垂直姿态前部−20，后部0），抑制盾构机头上浮。但盾构机上浮严重时，只靠栽头掘进控制盾构机的上浮，容易造成前后姿态差值过大（前后姿态趋势达到50甚至100），盾构机出现严重“栽头”趋势，盾尾壳体与管片相对位置关系折角太大，进而造成管片破损。为了避免这种情况，必要时需要在盾体中增加配重块，配重重量视上浮情况而定。一般配重在6~10t左右，平均放置在中盾左右两侧。增加配重块可有效抑制盾构机上浮，进而避免出现严重栽头的盾构姿态，也避免了管片破损，从根源上解决了盾构机上浮出现的姿态超限及次生的管片破损问题。

1）成型管片破损的控制

要求施工过程做好渣土改良，尽量减小推力，减少水平分力与集中应力导致管片破损，做好管片选型工作，控制好左右油缸行程差及盾尾间隙，提高管片拼装精度，控制管片环面的平整度，减小管片错台而引起的破损；在小半径曲线段推进过程中适当收放铰接，尽量减小铰接压力值，改善盾尾与管片的位置关系，减少管片破损。

2）地表沉降控制及沿线建筑物的保护

严格要求施工单位根据风险源及地质情况，准确可靠地下达施工掘进指令，为现场施工提供技术参数和依据。严格要求施工现场控制出土量，即通过土压传感器检测，改变螺旋输送机的转速控制排土量，以维持开挖面土压稳定的控制模式。控制进土量的推进操作控制模式，即通过土压传感器检测来控制盾构千斤顶的推进速度，以维持开挖面土体的稳定。在通过沿线建筑物处，出现沉降的位置必要时通过二次注浆稳定土体，避免建筑物出现风险。

主要设备、机具及用电配备表　表4

序号	设备名称	规格型号	单位	数量	用途
1	盾构机	ϕ8800	台	3	盾构掘进施工
2	电瓶车	60t	列	4	盾构出渣与材料运输
3	电瓶车	45t	列	2	盾构材料运输
4	平板车	13.5m	辆	若干	材料转运
5	台车	配套ϕ8800	台	配套	同步注浆
6	后配套	配套ϕ8800	台	配套	二次注浆

3）成型隧道渗漏水控制

隧道衬砌防水设计遵循“以防为主，以堵为辅，多道防线，综合治理”的原则，以管片结构自防水为根本，接缝防水为重点，确保隧道整体防水。所以需要严格控制管片止水条黏贴质量，成型管片出现渗漏后，先采用二次注浆方法封堵较大渗漏点，后期再采用环氧树脂封堵剩余渗漏点。

2. 盾构施工风险管控及应对措施

1）风险源分析

（1）上软下硬地层掘进

台州中心站至中间风井区间范围内山体前后的盾构段及盾构工作井至台州中心站区间左线盾构始发段，隧道断面位于上部黏土地层、下部硬岩地层的上软下硬地层，盾构在穿越上软下硬地层过程中，可能发生盾构机偏移或被卡住、蛇行推进，注浆不及时易产生地面沉降甚至塌陷、隧道管片破损以及盾构机损坏等许多难以预料的问题，对这些风险的管控是难点。

（2）全断面硬岩地层掘进

台州中心站至中间风井区间盾构穿越中风化凝灰岩地层，岩质坚硬，易引起刀盘磨损，保证刀具的质量和开仓换刀工作的安全是管控的重点及难点。

（3）特殊地段地层掘进

台州中心站至中间风井区间左线盾构接受段洞身中上部范围内均主要为（2）2 淤泥质黏土、（3）1 黏土。软土物理力学性能差，具有高压缩性。在盾构施工过程中，存在盾构机及成型管片姿态难以良好控制的问题。为了使隧道范围内的软土具有足够的地基承载力，同时减小运营期盾构隧道的位移，根据设计软土处理原则，采用地面加固措施是风险管控的重点。

（4）盾构穿越河道

盾构穿越期间，存在河底击穿风险，导致河流与掘进开挖面连通，易引起喷涌等，对土仓压力、掘进速度等盾构掘进参数的控制造成较大的难度。盾构穿越后，根据远期的河床规划，进行河底清淤后，造成河床底与成型隧道间的垂直净空距离更小，增加后期运营风险，穿越河道后需重点做好洞内注浆加固措施。因此，盾构穿越河道为本工程的重点及难点。

（5）盾构穿越建（构）筑物

由于盾构掘进过程中，开挖面土压不平衡、盾构蛇行纠偏、盾尾与衬砌环之间的空间未能及时充填、注浆材料固结收缩、隧道渗漏水形成自然的水系通道、衬砌环变形和隧道纵向沉降及土体扰动后重新固结等各方面因素造成地面沉降或变形，从而引起地面建筑物或管线下沉、倾斜、开裂造成相邻建筑物、管线损坏。盾构隧道穿越建构筑物必须做好施工监测，根据监测结果及时调整施工参数，据监测情况进行洞内注浆处理。施工前需进行现场实测，同时结合施工图、建筑物调查、管线调查等相关资料，再次复核建构筑物与区间隧道的相互关系。因此，盾构穿越建（构）筑物过程属于本工程的重点。

（6）盾构开仓换刀

根据设计要求，为保证盾构掘进效率，在地层变化较大处需进行开仓换刀。本区间换刀作业推荐采用预先地面加固稳定土体再常压进仓换刀的施工方法，为保证盾构掌子面软土地层的自稳性，在盾构机换刀前，采用地面 Φ800@500 双管旋喷桩对盾构机前端软弱地层进行预加固，提高其自立能力，加固长度为 3m，加固范围为盾构机上左、右外轮廓线外 3m，下部加固至基岩土分界线。开仓换刀属于有限密闭空间作业，存在较大风险，因此，开仓换刀作业与地面加固为本工程的重点。

2）预防措施

（1）编制盾构始发与接收、盾构吊装、穿越风险源、盾构开仓换刀、盾构掘进施工等安全专项方案，经评审批准后实施。根据方案要求，对周边建构筑物及管线作调查及风险源分析评估。

（2）做好应急准备，作业人员资质审查及安全、技术交底工作，材料构件进场验收、设备维护工作。

（3）配备足够的机动设备，应急物资到位，一旦发生意外情况，在第一时间投入工作。

（4）盾构下穿重要风险点期间，安排监测人员对河道进行 24 小时监测。技术人员根据沉降变化数据及时调整施工参数，将指令通过内线电话通知盾构驾驶室，盾构推进后反映效果，监测数据的变化。如此循环，做到动态管理，实现信息化施工。

（5）在推进前，一定要对盾构进行足够的调试，确保盾构性能的可靠性。同时，配备足够的值班维修人员，及时处理盾构设备的故障，确保盾构推进顺利进行。

（6）盾构下穿重要风险点时，盾构机减小土压力，开启超挖刀，还可在河床上增加附加应力。

（7）布设加密监测点，配合相关管理部门做好沉降信息化监测控制；对整套监测系统进行调整，保证所采集数据的正确性。

（8）合理设置土压力值，防止超挖

盾构推进至距离重要风险点 30m 起，对土压力值进行严格控制，并结合环境监测数据对土压力值进行调整。由于盾构在下穿风险点时其上部覆土厚度与下穿前后有所变化，故需要重新计算设置土压力，并结合实际监测数据调整，进行信息化施工。对每环的实际出土量和理论出土量进行比较，严格保持开挖面的土压平衡，减少对土体的扰动，防止超挖，根据不同地质情况和前面掘进经验在淤泥层黏土层拟定掘进参数。掘进过程中先按照理论土仓压力进行掘进，并根据地面沉降情况实时调整土仓压力。对于出土量采取方量及重量双控，每斗均需要测量，并根据实测结果随时调整同步注浆量。

（9）降低推进速度，控制总推力

下穿重要风险点时，要坚持“匀速快速”通过的原则，由于本工区下穿段地层为上软下硬地层，且盾构机在掘进过程中扭距较高，遂决定采取排土降速的方法，盾构机在下穿河道时，宜采取较低的速度推进，速度一般控制在小于20mm/min，严格控制千斤顶总推力，减少土层扰动，以免顶破河底土体，从实际情况来看，掘进效果较好。

（10）调整好盾构姿态，减少纠偏次数及纠偏量

在穿越推进过程中，利用“测量导向系统”连续测量盾构机的姿态，并进行人工测量复核，盾构驾驶员根据偏差及时调整盾构机的推进方向，在穿越重要风险点的掘进过程中要坚持“勤纠少纠”的原则，尽可能减少大幅度纠偏，特别是铰接的伸缩，减少土体的扰动，从而保证盾构机平稳下穿。

（11）优化浆液配比，合理设定注浆量及注浆压力

在穿越重要风险点施工前，制作浆液试块，并对浆液的性能指标进行测试，实测砂子含水量，严格按照配合比进行同步注浆浆液的配置，性能指标包括稠度、初凝值、泌水率、抗压强度、比重。在下穿河道施工过程中，对浆液进行取样测试，并根据实际注浆效果，调整优化浆液配比，确保浆液质量。根据以往经验，下穿时注浆量为理论建筑空隙150%，根据实际情况做适当调整，以保证地表沉降控制在保护要求内。注浆压力应小于0.2～0.3MPa，以免应压力过大而顶破河底土体。

掘进过程中做好渣土改良，利用泡沫、膨润土、水等多种材料进行改良，保证土的流塑状态，减小盾构机扭距。

（12）严防盾尾漏水

采用三道密封刷，防止盾尾透水；控制好管片姿态，居中拼装，防止盾构建筑空隙过大形成透水通道。盾构机采用三道盾尾钢丝密封刷，能有效防止盾尾透水。推进时定期、定量、均匀压注盾尾油脂，有效保护盾尾钢丝密封刷。如遇特殊情况，可按实际情况加大盾尾油脂的压注量。

采取上述措施后，基本可控制盾尾渗漏。如果盾尾发生渗漏，则从管片注浆孔压注聚氨酯，形成环圈，封闭涌水通道。

结语

台州市域铁路S1线地铁首期工程土建二工区台州中心站至开发大道站区间中间风井盾构区间施工过程安全可控、隧道施工质量良好。在盾构掘进过程中，也遇到了很多新出现的问题，在参建各方的共同努力下最终圆满解决了在施工过程中所遇到的难题，为后续地铁的施工积累了丰富经验。

电力隧道穿越重大风险源施工监理控制要点探析

韦华江
北京赛瑞斯国际工程咨询有限公司

一、工程概况

沈阳市盛京—滂江220kV电缆线路工程由沈阳大东区二环外东北角盛京220kV输变电所开始，最终转入市新光液压件厂滂江变电所。工程隧道主体结构采用盾构施工，全线设置8个竖井（部分竖井在施工期间兼做盾构井）。

土建2标段电力隧道位于沈阳市大东区，3号、5号为盾构始发井，4号为盾构接收井。隧道内径5400mm，外径6000mm，管片混凝土强度为C50，抗渗等级P10。本工程将地下电缆敷设于隧道中，地下隧道电缆起于沈阳市东盛京变电站，途经沿东贸路，行至东陵西路穿越新开河，沿新开河至地坛街，沿地坛街至善邻路，最终接入滂江变电站。风险源划分如表1所示。

二、施工情况简介

工程隧道所在位置的安全风险很高，地下施工条件极其复杂，面临的施工难度较大，盾构掘进中下穿地铁1号线、新开河、东西快速干道、铁路专用线、高压电塔等危险源区域，同时下穿生活及建筑垃圾杂填区。其中三区间4号盾构井接收下穿高压电塔，四区间4号盾构井接收下穿住宅楼，小曲线大坡度接收，受环境条件限制，洞门不能形成封闭有效降水，洞门底以上有夹层滞水，严重影响盾构安全出洞，易发生涌砂积水及地面塌陷。

为确保盾构机顺利掘进，项目监理部安排专人24小时值守，密切关注盾构掘进中遇到的问题并积极采取相应的措施，对盾构机掘进参数进行实时监测、实时分析控制，最后安全接收，保证了全线按时贯通。

三、事前监理控制要点

1. 认真研究设计图纸中重大风险源及控制措施。

2. 编制《专项监理实施细则》及《专项监理旁站方案》。

3. 制定监理项目部值班和安全技术交底制度。

4. 严格执行穿越重大风险或复杂环境关键节点施工前条件核查工作。

四、事中监理控制要点

（一）工程质量管理

1. 穿越前，设置试验段检测并确定穿越时的掘进参数。

2. 穿越期间，加强同步注浆，及时进行二次注浆，严格控制盾构施工后期地层变形；另外，在下穿地铁1号线既有隧道时，采用水泥水玻璃双液浆，进行深孔注浆加固，确保既有地铁线路沉降可控。

3. 穿越期间，严格控制盾构机姿态，尽量减少纠偏或不纠偏。

4. 针对下穿久久旅馆、地铁1号线、侧穿机电学院宿舍楼风险源，采用了新型工艺—克泥效，从而达到有效控制土体沉降。

（二）工程安全管理

1. 在穿越前，对医院、高压线塔、宿舍楼进行地层预加固；同时，在高压线塔周围5m，地面以上6m范围内搭设

风险源划分详细表　　表1

序号	里程	穿越地层	隧道埋深	施工环境	风险等级
1	K3+889.087~K4+018.780	圆砾	14.64~15.46m	侧穿东西快速干道	Ⅰ级
2	K4+194.037~K4+256.448	圆砾	11.921m	下穿新开河	Ⅱ级
3	K4+536.537~K4+551.516	圆砾	13.76m	侧穿204医院	Ⅲ级
4	K4+609.344~K4+016.103	圆砾	15.08m	下穿久久旅馆	Ⅱ级
5	K4+578.471	圆砾+粗砂	14.27m	下穿高压电塔	Ⅰ级
6	K4+894.531~K4+915.974	圆砾+泥砾	22.68m	下穿地铁1号线既有隧道	Ⅰ级
7	K5+476.834~K5+488.824	圆砾	11.25m	下穿机电学院宿舍楼	Ⅱ级

钢管脚手架加固。

2. 穿越期间，监理单位、施工承包单位认真落实领导带班制度，确保带班领导人员到位。

3. 穿越期间，业主、监理、施工、监测、设计单位 24 小时有人值班，每日召开风险日例会，同时，洞内盾构施工视频信号实时传输至值班会议室，进行 24 小时不间断视频监控管理。

4. 穿越期间，采用动态监测，并对监测信息进行综合分析，确定盾构施工对风险源的影响程度和监测数据的变化趋势，为合理调整盾构掘进参数进行指导。

5. 施工现场如出现险情，严格按险情报告流程及时上报，险情应急处置应征询盾构专家组意见并严格按专家组认可的方案实施，并和风险源涉及的相关单位做好配合，确保穿越施工安全。

（三）监理工作方法

在工程施工过程中，监理工程师在现场将采用巡视与旁站相结合的工作方法，管理对象为施工单位的管理人员而不是工人，管理的形式以口头通知和下发监理通知单为主，重大事件、事故和质量隐患以备忘录形式备案。

1. 监理旁站

针对穿越重大风险源期间，严格按照《专项监理旁站方案》进行全过程现场旁站监理，主要针对风险源区域加固注浆、盾构掘进参数控制（包括盾构姿态控制、掘进速度、同步注浆等）、管片拼装、壁后注浆等。

2. 巡视与抽查

监理严格按照《住房城乡建设部办公厅关于实施〈危险性较大的分部分项工程安全管理规定〉有关问题的通知》（建办质〔2018〕31 号），加强危大工程安全巡视，并做好巡视记录。抽查工程质量，增加重要部分或关键工序的抽样比例，确保此关键工序不失控。若存在较大质量偏差，须及时提出整改意见并监督施工单位整改落实。

3. 监理指令

在安全质量管理过程中若发现较大偏差，应及时下发监理指令，通知督促施工单位暂停施工，启动预警响应。

4. 监理会议

1）风险日例会。穿越施工阶段，由监理单位主持召开建设、监理、施工、勘察设计、监测五方人员参加风险日例会。监理就当日施工和监测数据进行分析并提出监理意见或建议。

2）专题会议。针对穿越风险源中出现的沉降预警、突发事件，召开五方专题会，分析问题原因，制定针对措施，确保工程有序推进。

5. 组织协调

监理单位在与建设单位、承包单位交往配合中，既要严格管理，又要热情帮助；既为建设单位提供优质服务，又要维护承包单位的合法权益，从而使工程建设按规定目标推进，最终达到安全可控、质量高、进度快、投资省的目的。

五、事后监理控制要点

1. 盾构脱出重大风险源影响范围后，仍继续督促施工承包单位按监测方案要求继续对其监测；继续并做好数据比对和分析，提出分析意见。

2. 按有关要求继续做好巡视检查工作，发现异常情况及时报告，采取有效措施进行处理。

3. 对工后隧道结构的沉降及收敛变形监测数据进行分析，并提出分析意见，防止隧道结构变形对重大风险源周边造成影响。

4. 加强隧道内管片的破损，渗漏水情况检查，发现情况及时处理。

5. 当监测数据趋于稳定，且监测期长于盾构隧道工后 3 个月，方可停止监测。

六、效果评价

2021 年 9 月 1 日，盛京—滂江 220kN 电缆线路工程全线贯通，这标志着东北地区首条采用盾构技术建设的电缆隧道工程顺利贯通。

该工程建成后，可有效改善沈阳核心区域电网结构，为沈阳市中心城区提供 12 回 220kV 线路输电通道，提升沈阳东部供电能力 200 万 kW，从而强力支撑地方经济长远发展。项目监理部全体人员发挥了赛瑞斯人不惧困难、迎难而上的精神，按时保质完成任务，向业主交出了满意的答卷，也为公司赢得了口碑。

结语

在本工程建设中，监理单位对穿越重大风险源做到全过程、全方位的工程安全质量控制，包括审批施工方案的事前控制，巡视、旁站、跟踪抽查、联合普查的事中控制，验收整改的事后控制。监理的安全风险控制必须坚持程序化、标准化和科学化，监理的协调工作必须贯穿整个工程且及时到位，全面提升管理水平，这样才能得到精品工程，才能使业主满意，使广大群众受益。

参考文献

[1] 冯庆燎，郭广才，陈伟良，等．电力隧道盾构工程技术研究 [M]. 北京：中国电力出版社，2016.
[2] 张露根．郑州砂性地层盾构穿越电力隧道数值计算分析 [J]. 现代隧道技术，2014，51（5）：161-165，173
[3] 耿春波，王远松．关于隧道盾构施工的监理控制要点 [J]. 黑龙江交通科技，2013（6）：174，176.

直埋电缆光缆穿墙密封技术与设计、施工及监理实施要点

张　莹
北京凯盛建材工程有限公司

摘　要：本文重点结合哈萨克斯坦、乌兹别克等水泥生产线建设项目中所发现的实际问题，依据国家建筑标准设计图集《110kV及以下电缆敷设》12D101-5及《地下通信线缆敷设》05X101-2，针对地下水位高、渗透压力大的地质条件下，大型水泥生产设备直埋电缆穿越构（建）筑外围护墙进入室内电缆沟时的防渗漏体系展开深入研究。首次在工业、民用建筑领域内提出一种地下直埋电缆或光缆穿墙用柔性密封结构设计及施工的技术方法。纠正了现有标准图集的不妥之处，同时弥补现有人民防空地下室相关标准及图集中的结构形式，为今后修订相关国家标准、设计图集提供依据，此项技术荣获国家发明专利，解决了水泥生产设备的直埋电缆或光缆合理穿越构（建）筑外围护结构密封技术难题。同时也为设计、施工及监理工作铺垫了扎实的理论基础。

关键词：直埋电缆或光缆；防水密封结构；监理咨询

引言

目前，工业建筑、民用建筑、市政电气工程中，直埋电缆或光缆穿越构（建）筑物外围护结构墙体时，均执行标准图集《110kV及以下电缆敷设》12D101-5、《地下通信线缆敷设》05X101-2。在构（建）筑物的正常运行的寿命生命周期内必然存在着沉降变形、伸缩变形以及电缆或光缆的焦耳楞次电流热效应所产生的热胀冷缩现象，特别是相互毗邻间厂房会受到大型水泥生产线设备工作时的振动影响，使处在双基础上同一电缆或光缆在交集处产生相对位移，损坏密封结构。若处理不当，后期一旦出现渗漏，将会造成室内配电系统电缆沟内及相关电气设备大量进水，使整个配电系统瘫痪，其后果不堪设想。本文借助标准图集就有关电缆或光缆防水密封结构进行解析，并提出改进措施，弥补不足。明确监理咨询及施工过程中的实施监管及控制要点。

一、解读标准图集中的防水密封结构原理

电缆或光缆在地下埋设穿越构（建）筑物等外围护结构墙体时，按照国家标准设计施工图集《110kV及以下电缆敷设》12D101-5中102页、103页直埋电缆穿墙引入构（建）筑物的敷设方案一～方案五，以及《地下通信线缆敷设》05X101-2中9页、10页地下光缆引入建筑物内的做法中引入地下室方法一～方法三，可归纳总结以下三种防水密封基本实施方式。

（一）实施方式一：预留孔洞法

现有地下直埋电缆或光缆穿越构（建）筑物的施工方法是在外围护墙上预留一个较大孔洞。当建筑主体施工完成后，敷设电缆或光缆前，将穿墙保护管放置在墙体的预留穿墙孔洞预定位置

后，并按照要求调整坡度定位，然后在墙体与保护管之间填充防水砂浆，将二者之间的剩余空间封堵，完成穿墙保护管与预留孔洞之间的永久定位。堵后的防水砂浆层与预留穿墙孔洞的内壁之间形成渗漏间隙（冷缝）定义为第一泄漏通道；镶嵌部分的防水砂浆与穿墙保护管之间形成泄漏间隙定义为第二泄漏通道；电缆或光缆与穿墙保护管之间的间隙同样需要密封，其施工方法是在迎水面侧（入户端）采用标准图集所规定的“口内封堵油麻浇筑沥青或其他防水材料”进行密封，其形成泄漏间隙定义为第三泄漏通道，如图1所示。

（二）实施方式二：预留预埋法

在现有实施方案一基础上，针对第一泄漏通道和第二泄漏通道的两条冷缝提出的改进措施。在建筑主体结构施工阶段，随同墙体结构在地下直埋电缆或光缆穿越外围护结构处，预留预埋1根预定的金属保护管，并与墙体一次浇筑完成的施工方法。消除了墙体内设置的预留穿墙孔洞与防水砂浆层之间的工艺冷缝，运用建筑学中的止水挡板原理，在穿墙保护管的管体外壁上焊接翼环板一同预埋于墙体中，所形成的泄漏间隙定义为第四泄漏通道，取代原有的第二泄漏通道，如图2所示。

（三）实施方式三：预留预埋法+管口封盖法

通过实施方式二加装翼环板使穿墙保护管与墙体之间的第四泄漏通道的防水密封效果得到明显改善后，针对第三泄漏通道提出改进技术措施。在迎水面穿墙保护管的端部焊接内法兰盘，在电缆或光缆的外部缠绕一定数量的油浸麻绳，再将外部法兰盘与内部法兰盘通过螺栓组进行挤压，形成法兰式密封结构，如图3所示。

二、分析标准图集中的直埋电缆穿墙防水密封结构存在的不足之处

（一）方案一中，由于墙体的预留穿墙孔洞内部空间小，内壁四周无法进行凿毛处理，使得封堵后的防水砂浆层与预留穿墙孔洞的内壁之间形成渗漏间隙（冷缝）。穿墙保护管为金属材质，墙体镶嵌部分的防水砂浆与穿墙保护管的膨胀系数不同，二者之间产生异步膨胀泄漏间隙。该施工工艺是造成第一泄漏通道、第二泄漏通道泄漏的主要原因。封堵孔洞所使用防水砂浆及管口与电缆或光缆之间所使用的油麻沥青明显低于原有钢筋混凝土结构墙体的强度，密封结构尚未采取相应的强度补强措施，使原有整体强度出现短板效应。

（二）方案一、方案二中的油麻密封结构放置在保护管内，轴侧双向开放空间内，缺乏定位约束装置，密封材料无法形成挤压状态下的三向应力状态，进而密度较低的油麻得不到压实，无法起到静密封作用。当构（建）筑墙体与穿墙保护管或电缆与穿墙保护管产生相对位移及变形后，相互交集处刚性沥青密封材料发生的破坏性脆变或剪切滑移形成渗漏缝隙，使该密封组件失去作用，该结构不具备柔性防水密封功能。

（三）方案一、方案二和方案三在墙体内穿墙保护管的迎水面一端采用了过度加长结构形式，一直延伸至构（建）筑物外结构的散水面宽度500mm以外，其目的是便于后期的第三泄漏通道损坏维修时，挖掘过程不会破坏散水面及建筑外立面的保温层、防水层结构。然而却构成穿墙保护管与墙体之间悬臂梁式受力结构在墙体承受双向不平衡力的同时，还要抵抗平衡交集处产生的破坏性扭矩，使第一泄漏通道、第二泄漏通道、第四泄漏通道的密封作用过

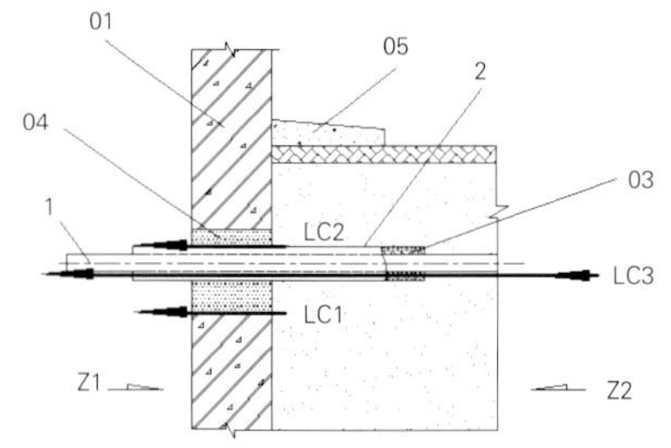

图1　实施方式一结构示意图

1—电缆或光缆；2—穿墙保护管；01—墙体；03—油麻密封；04—防水砂浆；05—散水面；LC1—第一泄漏通道；LC2—第二泄漏通道；LC3—第三泄漏通道；Z1—背水面（室内）；Z2—迎水面（室外）

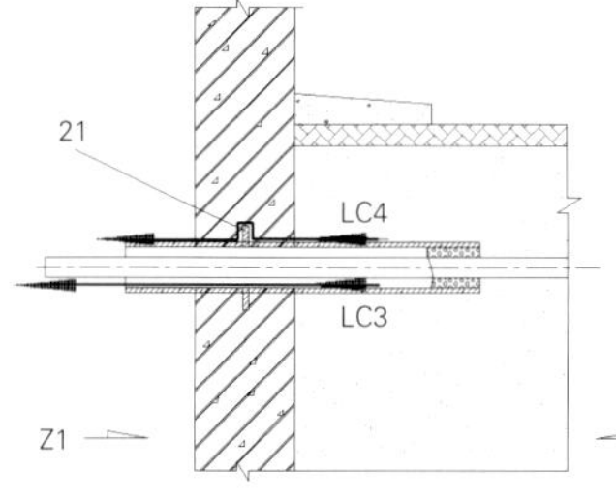

图2　实施方式二结构示意图

21—翼环板；LC4—第四泄漏通道

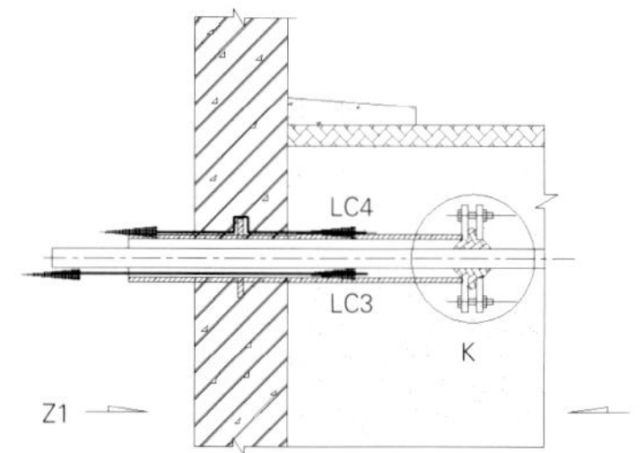

图3　实施方式三结构示意图

02—法兰盘式密封结构；021—内法兰盘；022—外法兰盘；023—油浸麻绳；LC3—第三泄露通道；LC4—第四泄漏通道；Z1—背水面（室内）；Z2—迎水面（室外）

早失效，甚至损坏交集处的建筑主体结构的墙体，对悬臂结构的管体在墙体施工过程中的定位、模板支护、混凝土浇筑及后期养护等施工都会造成极大的难度和成本增加。

（四）改进后方案三的密封材料虽然能在两个法兰盘之间形成轴向挤压应力，但以穿墙保护管与电缆或光缆之间的配合间隙作为密封间隙，显然过大。在密封间隙外的法兰面径向外侧密封材料也呈现出开放状态。

三、针对现有标准图集直埋电缆或光缆穿墙防水密封结构设计及施工缺陷，结合现场经验，明确实施要点

（一）设计监理咨询

为了解决现有的标准图集电缆或光缆穿墙保护管防水密封整体布局、密封结构方式、受力不均衡、预埋套管与墙体连接强度不够、密封性差、施工难度大和维修成本高等缺陷。本文介绍一种适用于地下水位高、渗透压力大的地质水文状况，并能满足《人民防空地下室设计规范》GB 50038—2005 的柔性防水密封结构设计及施工方法，如图4所示。

1. 结构原理

直埋电缆或光缆穿墙柔性防水密封结构是按照机械学、密封学及建筑学等相关理论，从整体结构上设计对称型，密封结构空间为封闭型，调整完善了穿墙保护管上的翼环板在墙体之间的位置和数量，提高了第四泄漏通道的密封性能。将电缆或光缆与穿墙保护管之间施工穿越工艺间隙进一步细化设计，增加相应的配件，调整为密封间隙。密封材

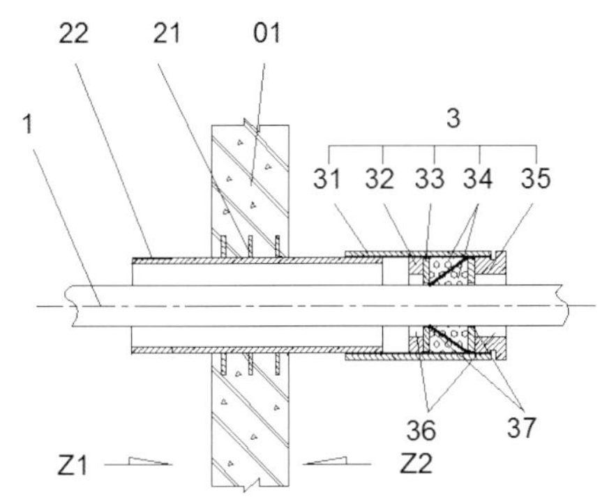

图4　柔性密封防水保护管结构示意图
01—墙体；1—电缆或光缆；21—翼环板；22—螺纹端头；3—柔性密封组件；31—长管箍；32—螺纹调整挡圈；33—哈夫节密封挡板；34—密封圈组；35—端部锁紧压盖；36—工艺间隙；37—密封间隙（配合间隙）Z1—背水面（室内）；Z2—迎水面（室外）

料具有高密度、高弹性及良好柔性功能，径向和轴侧实现双向定位的功能，形成第三泄漏通道上的零空间静密封。

2. 改进后整体结构特征

1）新型柔性密封防水保护管由原来的悬臂型结构调整为建筑结构面内外两侧各 300~500mm 的位置上，留有足够的安装操作空间，使得结构对称。

2）按照密封学相关理论，将密封材料形成封闭空间，即径向定位由穿墙保护套管与电缆或光缆周边形成均匀的密封空腔，轴侧定位是由螺纹挡圈及锁紧端盖之间的哈夫节挡板形成的轴向双向约束装置，通过螺纹调整挡圈调节密封空腔纵向位置，除泄漏间隙外，柔性密封件完全处于封闭的空腔内，利用锁紧压盖实现预压预紧功能，使密封空腔内的密封圈组处于三向挤压应力。

3）为了提高穿墙保护管与墙体相互接触间的第四泄漏通道的密封性能，采用机械学中“迷宫式”密封结构，翼环板的设计应根据墙体厚度调整为 2~3 个，数量增加的另一个作用可使穿墙套管的翼环板与墙体的结构钢筋有效地连接固定，加强穿墙保护管与墙体的连接强度，同时也便于模板支护。

4）新型密封结构中将螺纹挡块 32 的内孔作为施工过程中工艺间隙 36，其孔径能够保证电缆或光缆能够顺畅地进行穿越，同时通过外螺纹与长管内螺纹之间的旋转配合，调整左右位置，满足密封材料的压缩空间，密封材料的轴向两侧增设哈夫节密封挡板，哈夫节的内孔尺寸与穿越电缆或光缆箍的外径相匹配，相互之间的配合间隙（包括哈夫间隙）一起作为密封间隙，使密封材料完全处于封闭空间，形成挤压状态下的三向应力状态，建立“工艺间隙转换调整为密封间隙”的设计新理念，取代原有工艺间隙作为密封间隙的传统设计模式。

5）柔性密封主体采用了高密度橡胶材料，将密封材料的弹性指标补偿于抵抗补偿给构（建）筑物、介质管道产生的各种位移、扭曲变形以及战时冲击波的作用力产生的冲击变形量，实现柔性功能。

6）该密封组件按照传统的方式设置在迎水面（室外）侧，即使迎水面密封失效，也无须进行土方开挖维修工作，可在建筑物内部的背水面（室内）直接加装此装置，实现“冗余技术”。

7）传统的密封柔性密封组件采用环形整体结构，本次设计采用模具学加工技术中的“哈夫结构”方式，将原有的整体环形结构的密封挡板、密封圈组调整为对称分体结构，使柔性密封件的安装更加方便，大幅降低了施工难度。

8）该密封组件的机械强度，能够满足《人民防空地下室设计规范》GB 50038—2005 在穿越具有预定功能的地下相关管线时抵抗战时冲击波以及密

封的要求，该结构在迎水面、背水面的哈夫密封挡板均起到了规范中所规定的“抗力片”作用。密封组件具有足够的柔性功能，并在建筑物的合理沉降及电缆的应力变形下实现预定的密封效果；整体密封结构不低整体墙体强度。单向设置时，可满足人防外墙、地下临空墙、通风采光井墙和与非人防区域相分隔的防护密闭门的门框墙、悬板活门框墙的密封要求；双向设置时，可满足防护单元的隔断墙的密封要求。

（二）施工过程监理控制

步骤一：

在墙体钢筋绑扎完毕后，将预留预埋穿墙保护管及翼环板按照设计要求设置所在位置，在常规的垂向、水平分布筋的基础上，在穿墙保护管四周增设与常规分布筋成45° 的加强筋，并将穿墙保护管的翼环板与墙体的结构钢筋、加强筋绑扎或焊接固定，进行模板支护和墙体浇筑，将穿墙保护管预留预埋在墙体中。

步骤二：

将内置有螺纹调整挡圈的长管箍旋拧在穿墙保护管的螺纹端头上，再将锁紧压盖预先穿套在电缆或光缆上，待电缆或光缆敷设到位后，选用相应规格的两个哈夫节密封挡圈、密封圈组扣压在电缆或光缆上，密封圈组位于两个哈夫节密封挡板之间，哈夫线呈相互垂直位置，将两个哈夫节密封挡板和密封圈组形成的柔性密封件安装到位。

步骤三：

将两个哈夫节密封挡板和密封圈组形成的柔性密封件依次挤压推入长管箍内，直到接触螺纹调整挡圈，然后将端部锁紧压盖的螺纹端旋入长管箍内，使密封空腔内的密封圈组形成足够的预压预紧力，即密封圈组处于三向应力状态，以形成静密封。

步骤四：

安装完毕后，在迎水面侧的长管箍、穿墙保护管、端部锁紧压盖等处涂抹黄油脂，缠绕玻璃丝布，用乳化沥青进行防腐处理，使用细沙对穿墙保护管及电缆或光缆的四周进行回填，回填土上方覆盖保护板。

通过实施案例证明，本设计的直埋电缆穿墙柔性防水密封结构的设计方法能够满足民用（包括人防地下室）、工业构（建）筑物在电缆或光缆穿越墙体处，由于各种因素（包括冲击波、地震、振动、沉降、伸缩、电缆电流热产生的热胀冷缩等）产生二者相对位移，同时外界地下水位高、渗透压力时的密封要求。

结语

地下高水位地区的直埋电缆或光缆穿墙柔性防水密封结构对电气管线的安装、建筑结构整体强度的防渗漏体系有举足轻重的作用，但由于目前的国家设计标准、施工图集还不够完善成熟，设计单位缺乏设计依据、施工单位缺乏相应的施工图集、监理单位缺乏执法的理论依据；因此，期待国家尽快制定相关标准，绘制相应的施工图集，通过整体把控和精细的设计，制定出完善的施工方案，建立由新形势下的监理咨询工程师全方位、全过程、全负责的质量控制体系，进一步保证电气设备安全运行及整体建筑结构更加坚固可靠，实现预期功能。

参考文献

[1] 110kV 及以下电缆敷设：12D101-5[M]. 北京：中国计划出版社，2013.
[2] 地下通信线缆敷设：05X101-2[M]. 北京：中国计划出版社，2009.
[3] 张莹．水泥生产线中性面柔性动密封防水套管技术研究 [J]. 中国水泥，2020（10）：107-111.
[4] 张莹．地下高水位地区水泥生产线柔性防水套管技术研究 [J]. 中国建材科技，2020，29（6）：84-86.
[5] 张莹．国家标准设计图集 02S404 中的柔性防水套管解析与应用 [J]. 标准科学，2021（3）：87-93.

浅谈三孔拱桥拼宽质量管控重难点

孙　斌
济南齐鲁建设项目管理有限责任公司

一、工程概况

济南先行区济泺路穿黄隧道北延项目（原101改扩建项目），位于济南市新旧动能转换起步区大桥组团，该工程范围北起现状G104，南至G309，路线全长7.6km。原S101改扩建工程与G309衔接位置近期采用叶形立交，实现东西向、北向交通转换，远期结合黄岗路穿黄通道建设改造为十字形立交。根据本次设计，拟于近期将G309改建为城市主干路，路基拓宽为34m，双向八车道，设计时速60km/h。

G309现状为双向两车道，二级公路，路基宽度30m；本次改建范围内共包含两座桥梁：龙湖东桥及龙湖通道桥。现状龙湖东桥位于K435+405.592处，桥型为三孔拱桥，拱轴线跨径组合为3×20.603m，桥梁全长64.406m，桥宽30m，跨越大王庙干渠；现状桥北侧为MX5桥，与现状桥净距8.9m。经检测三孔拱桥能满足现行设计及安全标准，可以利用。

桥梁总体设计为在现状桥梁北侧拼宽4m机动车道，结合工程现状，上部结构采用钢筋混凝土板拱；桥墩采用重力式桥墩，基础采用桩基础；桥台采用重力式桥台，基础采用桩基础；拱圈之间保留2cm变形缝，桥面横坡2%，桥梁总体宽度：0.5m防撞护栏+16.5m机动车道+3m中央分隔带+16.5m机动车道+0.5m防撞护栏。

设计及施工难点：

1. 有效利用旧桥，并做到结构形式一致。

2. 设计合理的下部结构形式，减小对旧桥基础的扰动。

3. 采用合理的施工工艺，减少施工过程中对旧桥结构的破坏。

4. 如何减小新旧桥梁的沉降差。

5. 纵向变形缝的施工处理。

二、设计方案

既有拱桥的拼宽与新建桥梁不同，它是基于原有桥梁的基础上，对桥梁进行拓宽加固处理，因此，在既有桥梁拼宽设计施工中，要考虑通车后荷载的均匀分布，要尽量减少新建构筑与既有桥梁结构之间的沉降差以及徐变，以满足今后的通行使用要求。

设计过程中为减小拼宽桥与现状桥间不均匀沉降及桥台沉降，拼宽桥采用与原桥一致的桩基、承台、普通钢筋混凝土无铰板拱结构样式，采用有重力式抗滑基础的U形台，桥台加设顺路挡土墙。

桩基：拼宽桥设计桩长比现状桥基桩长5m，拼宽桥基桩桩位靠近现状桥设置，拼宽桥桩基础与现状桥桩基础桩中距2.5m。

桥台承台：U形桥台采用大片石基础处理、抗滑块基础、C20片石混凝土抗滑块做重力式抗滑基础；为现状桥桥墩承台拼宽侧凿除混凝土75cm，桥台承台凿除混凝土55cm，保留承台钢筋不截断；拼宽桥与现状桥承台钢筋焊接；拼宽桥桥墩承台拼宽275cm，桥台承台拼宽355cm。

拱圈：现状桥拼宽侧桥墩端墙拆除；新旧桥梁之间在拱肋之间均设置2cm宽变形缝，变形缝填塞浸沥青软木板，塞入深度不小于20cm；拱肋3.98m，桥墩、拱座拼宽4m；拱圈做防水层，采用4.5mm厚改性沥青卷材。现状桥桥墩及桥台拱座侧面凿毛植筋与拼宽桥桥墩及桥台可靠连接。中间拱圈两侧混凝土护拱顶分别设置2个泄水孔。

挡墙：桥台加设顺路挡土墙；拱上设侧墙，拱上侧墙与侧墙、侧墙与桥台侧墙间设2cm变形缝。拱顶侧墙及台后挡墙均采用素混凝土浇筑，设防裂钢筋网片，顶宽50cm，内侧为斜面，斜率为3：1；拱顶侧墙及台挡墙底均设抗滑钢筋预埋于拱圈及承台，预埋筋间距40cm。桥台设碎石盲沟、挡墙留设泄水孔，碎石盲沟下设30cm黏土封水层。

桥面系：现状桥梁栏杆基础拆除，

改造为防撞护栏，保留南侧栏杆基础钢筋，与防撞护栏钢筋焊接；现状桥梁桥面系改造，拆除人行道及沥青铺装，保留现状桥水稳层，新做整体施工沥青混凝土桥面。

其他附属：拱上填料、台背回填采用碎石土；锥坡采用M7.5浆砌片石；采用15cm级配碎石+35cm浆砌片石做河底铺砌与上下游桥梁铺砌合理顺接。桥梁部剖面图见图1。

三、施工顺序

三孔拱桥拼宽施工顺序如下：

①施工准备→②钻孔灌注桩→③抗滑块、承台→④桥台、顺路挡土墙、拱圈→⑤护拱→⑥侧墙→⑦防水层→⑧拱上及台后回填→⑨水泥稳定基层→⑩防撞护栏及其他、沥青混凝土面层。

四、施工质量管控重难点

1. 总体要点

1）施工前应对图纸进行全面阅览，弄清楚整体和分部尺寸的关系，以及一般构造图与钢筋图的关系和一致性，弄清楚预埋件的位置及要求，以免造成返工和浪费。施工前要对地下埋设物进行普查，弄清楚地下埋设物的位置，施工期间应加以保护。

2）施工前应有完善的施工组织计划和详细的施工方案步骤，合理安排各环节工期，达到施工连续不间断。

3）对提供的设计图纸上的所有数据（特别是坐标和标高），施工前必须注意核对，无误方可进行施工。

4）各主要材料的订购、采购必须符合有关规范要求，使用前应根据有关质量标准严格检测，并遵照有关规范施工。

5）桥梁施工工艺要求及质量标准应符合《公路桥涵施工技术规范》JTG/T 3650—2020和《公路工程质量检验评定标准 第一册 土建工程》JTG F80/1—2017。

2. 混凝土原材料与配合比

为保证混凝土质量、控制裂缝和提高耐久性，施工中选用低细度、水化热较低的水泥，在满足胶结材料最低用量前提下，尽可能降低硅酸盐水泥用量；选用洁净、质地坚固、级配合格、粒径形状好的骨料。粗骨料堆积密度大于1350kg/m^3，粗骨料压碎值不大于16%，吸水率不大于2%；混凝土配合比选用超高效减水剂、不掺加早强剂；拱圈选用低坍落度的混凝土，坍落度不大于170mm，采用吊装法浇筑。

3. 下部结构

1）基础

（1）承台采用钢模板，施工时注意拱座钢筋的预埋，并保证定位准确。

（2）钻孔灌注桩采用反循环钻机进行钻孔施工，钢护筒的长度可根据施工需要设置（不宜小于2m），钻孔时操作人员2名，保证铜护筒内的水头稳定。

（3）钻孔灌注桩采用低固相、高黏度的PHP膨润土泥浆进行护壁，注意控制桩侧泥皮厚度及孔底沉渣厚度，桩侧泥皮厚度应不大于1mm，施工中采用泥浆循环系统以保证泥浆品质和减少污染。

（4）钻孔达到设计高程后，及时对孔的中心位置、孔深、孔径、倾斜度等进行检查，符合规范要求后方可进行清

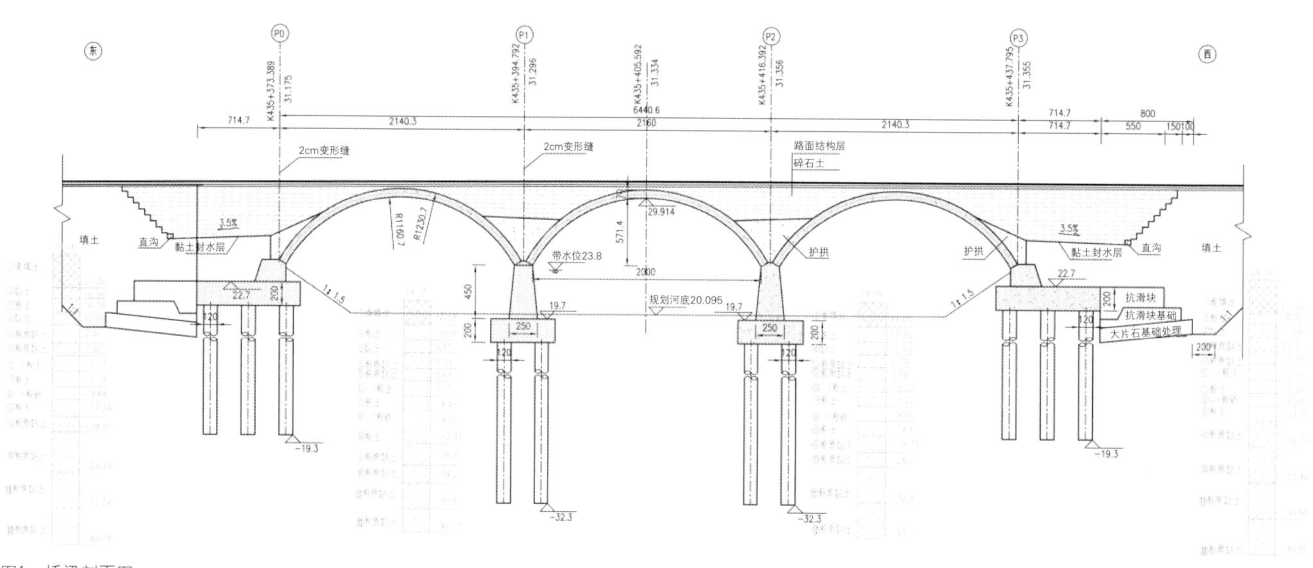

图1　桥梁剖面图

孔，不得采用加深钻孔深度的方式代替清孔，桩底沉渣厚度要求不大于15cm。经检查孔内泥浆指标和孔底沉淀厚度达到设计和规范要求后，方可浇筑桩基混凝土。

（5）钢筋笼分段加工，吊放时接长，钢筋笼主筋采用机械连接，接头应满足规范要求。

（6）相邻两根桩不得同时成孔或浇筑混凝土，以免扰动孔壁，发生串孔、断桩事故。

（7）桩基安装声测管，下放钢筋笼过程中检查接头是否紧密，采用超声波法进行完整性检测。

（8）施工过程中在承台标高处遇到防冲乱石，为减少对原桥的扰动，采用冲击钻冲击乱石，随后再用反循环钻机钻孔。

2）墩、台身

（1）墩柱竖直度不得大于H/1500（H为墩身或台身高度），且各断面轴线偏位不大于10mm。

（2）墩、台等大体积混凝土浇筑时，进行分段分层浇筑，初凝后覆盖洒水养护，12小时后拆模。

（3）普通钢筋的定位要准确，严格保证各类钢筋的净保护层厚度，注意预埋拱肋钢筋及侧墙防滑钢筋。

4. 上部结构—主拱圈

1）外形尺寸

按施工规范严格控制拱圈各尺寸，细部尺寸误差不得大于该部尺寸的1%，拱圈厚度的施工标准误差不得大于3mm。

2）支架、模板

为防止支架变形导致结构开裂，模板变形导致截面尺寸削弱或混凝土超方，必须确保支架、模板具有足够的刚度，拱圈采用盘扣式满堂支架现浇，地基用C20混凝土硬化，采用定做拱形钢模板支撑，加铺竹胶板。支架必须进行预压，以消除非弹性变形。支架变形稳定后不小于6小时（且预压时间不少于3天）方可卸载，预压期间需加强观测，加载和卸载均需分级进行，每级均应观测支架变形；立模时设置3mm预拱度。

拱桥现浇支架布置自上而下为：双层7mm厚竹胶板—10cm×10cm方木横梁—（16桁架纵梁—ϕ60×3.2mm盘扣式支架–C20混凝土垫层）。16桁架纵梁纵向间距为0.9m；盘扣架纵距0.9m，横距0.9m，支撑在20cm厚C20混凝土垫层上，支架布置图如图2所示。

（1）支架预压加载方法

支架搭设完毕，需仔细检查支架各节是否连接牢固可靠，各处检查合格后方可对支架进行预压。采用汽车起重机作为起重设备，以砂袋堆载（堆载材料可根据实际情况调整）的方式预压支架，支架预压荷载不应小于支架所承受最大施工荷载的110%。

（2）加载顺序

支架预压按支架所承受最大施工荷载的80%、100%、110%三级进行，预压荷载分布应与支架施工荷载分布基本一致，加载重量偏差应控制在同级荷载的±5%以内。加载过程中如发生异常情况时应立即停止加载，经查明原因并采取措施保证支架安全后方可继续加载。支架预压加载和卸载应按照对称、分层、分级的原则进行，严禁集中加载和卸载。

（3）预压观测

观测点的设置：由跨中向两侧纵向间距3m布设观测组，每组观测点横向布置7点。需记录支架预压加载前和每级加载后的观测数据。全部加载完成后应持荷并观测24小时，每4小时观测一次，并做好记录，支架变形稳定（各测点沉降量平均值小于1mm且连续三次各测点沉降量平均值累计小于5mm）后按加载反向程序依次分级进行卸载。卸载6小时后观测地基回弹情况并记录。

（4）预压卸载及数据整理

均匀卸载并实时监测。使用预压全程观测数据记录计算支架及地基综合变形。根据观测记录，整理出沉降结果，调整支架顶托标高来控制梁底板预拱高度。根据预压试验观测的数据得出：梁底标高=梁底设计标高+设计预留拱度+支架弹性变形值。以此作为支架在使用前的最后一次调节，可以保证梁底部线形与预期值更为接近。

3）混凝土

（1）为了使桥梁外观颜色一致，要求采用同厂家、同品种水泥，并注意模板表面处理。

（2）混凝土浇筑前，仔细检查保护层垫块的尺寸、位置、数量及其牢固程度和所有配筋位置、数量、外形、尺寸等，确保各断面配筋率和保护层厚度，垫块抗侵蚀能力和强度应高于本体混凝土。

（3）在浇筑混凝土时严格控制浇筑速度及浇筑顺序，拱圈混凝土在顺桥向宜从低处向高处进行浇筑，在横桥向宜对称进行浇筑。在浇筑混凝土过程中，安排专人密切观察，对支架的变形、位移、节点和卸架设备及地基的沉降等进行监测。如发现超过允许值的变形、变位，应立即采取措施予以处理。观察模板、支架杆件等的变形，以及主要焊缝是否出现裂纹，发现异常应立即采取措

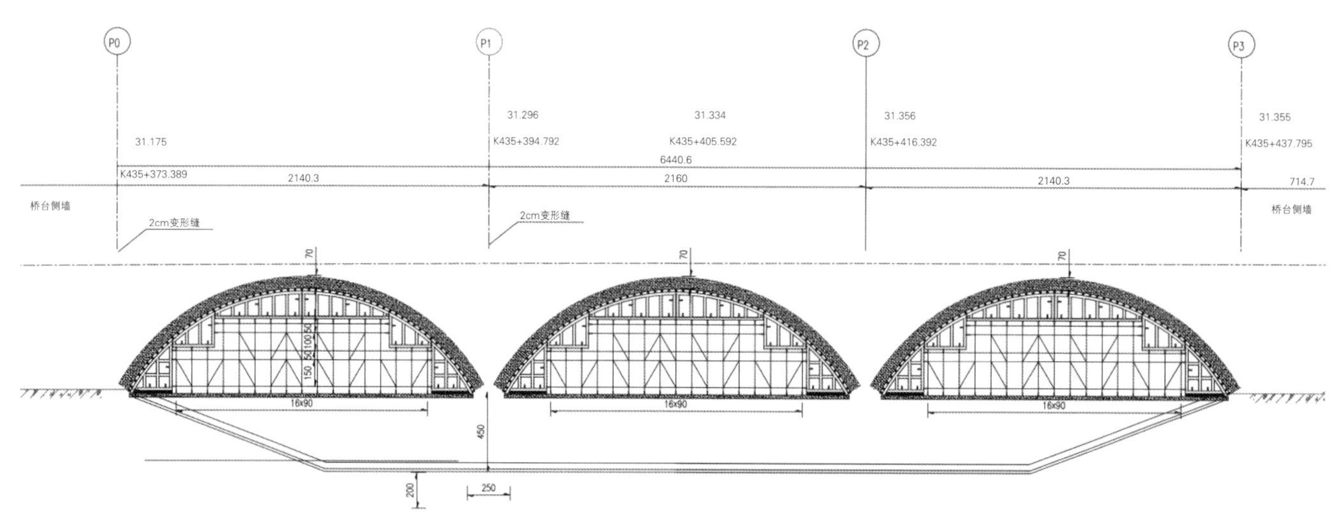

图2　支架布置图

施予以处理。

（4）混凝土浇筑过程中，控制混凝土集料最大粒径不得大于 20mm，应特别注意振捣，不得漏振或过振，确保混凝土的质量。

（5）拱圈顶面浇筑混凝土时应及时进行浮浆冲洗和整平。

（6）浇筑混凝土应采取减少水化热的有效措施，避免发生温度收缩裂缝。

（7）新旧拱圈之间设 2cm 变形缝，变形缝填塞浸沥青软木板，塞入深度不小于 20cm。

4）拱圈防水层

（1）防水层施工之前对拱圈表面进行处理，清除混凝土表面的浮渣、杂物和污染物，处理后的混凝土表面粗糙、清洁，表面强度不得低于处理前的混凝土表面强度。

（2）防水层施工时，拱圈表面应干燥、干净、整洁，无附着不牢的浮浆、杂质等。

（3）施工防水层涂刷与卷材或涂料性质配套的基层处理剂。

（4）改性沥青防水卷材进场后，施工单位应对材料进行复测，严禁使用不合格产品。

（5）桥面防水工程由有防水施工资质的专业队伍施工。

5. 桥面系

桥面铺装：对老桥进行桥面系改造时，拆除沥青铺装及人行道，对现状桥水稳碎石层进行利用。水泥稳定碎石层 7d 龄期无侧限抗压强度要求达到 3MPa 以上，压实度 98%。

泄水管：防撞护栏施工时注意预埋泄水管，如与护栏钢筋发生干扰，可适当移动钢筋，雨水口表面应确保平顺，以使排水通畅。

防撞护栏：拆除现状桥栏杆基座，保留南侧栏杆基座钢筋，与防撞护栏钢筋进行焊接。

6. 其他

1）拼宽桥梁施工前应进行物探调查，并采取措施，保证其施工安全。

2）施工时应注意伸缩缝、泄水管、护栏、照明、监控设施等预埋件的埋入。

3）桥梁结构所有外露钢构件均进行除锈及防护处理，应先除锈（除锈质量达到 St2.5 级），再涂环氧富锌底漆两道、丙酸聚氨酯面漆两道。

4）拱上填土及台后回填采用碎石土填充，并应分层填筑、压实，按要求实施排水盲沟。

5）桥梁东侧通过挡墙与龙湖通道桥合理顺接，西侧设置锥坡。

6）用 15cm 级配碎石 +35cm 浆砌片石做河底铺砌与上下游桥梁铺砌合理顺接，做好基础保护。

7）注意加强施工期间防水排水设施。

参考文献

[1] 城市桥梁设计规范：CJJ 11—2011（2019 年版）[S]. 北京：中国建筑工业出版社，2012.
[2] 公路桥涵地基与基础设计规范：JTG 3363—2019[S]. 北京：人民交通出版社，2020.
[3] 城市桥梁抗震设计规范：CJJ 166—2011[S]. 北京：中国建筑工业出版社，2012.
[4] 公路桥涵施工技术规范：JTG/T 3650—2020[S]. 北京：人民交通出版社，2020.
[5] 公路工程质量检验评定标准　第一册　土建工程：JTG F80/1—2017[S]. 北京：人民交通出版社.
[6] 城市桥梁工程施工与质量验收规范：CJJ 2—2008[S]. 北京：中国建筑工业出版社，2009.
[7] 公路工程施工监理规范：JTG G10—2016[S]. 北京：人民交通出版社，2016.

浅谈高大模板工程监理安全管理

罗华生
中工武大诚信工程顾问（湖北）有限公司

引言

为贯彻落实《中共中央国务院关于进一步加强城市规划建设管理工作的若干意见》和《国务院办公厅关于促进建筑业持续健康发展的意见》（国办发〔2017〕19号）精神，进一步提升工程质量安全水平，确保人民群众生命财产安全，促进建筑业持续健康发展，住房城乡建设部决定开展工程质量安全提升行动，并印发《工程质量安全提升行动方案》。该方案提出落实主体责任，提高项目管理水平，提高技术创新能力，完善监督管理机制。严格落实建设工程五方主体责任，监理方作为五方责任主体之一，必须严格落实建设工程安全监理责任，而项目总监理工程师则必须承担起这份责任。

一、工程概况

武汉某住宅项目，总建筑面积122732.05m^2，由1栋高层和2栋超高层建筑组成，设计均为地下2层。其中1栋地上31层、建筑总高97.4m；另2栋均为地上51层、建筑总高169.7m，框剪结构。项目于2021年6月21日竣工验收合格并办理竣工备案手续，项目评为2019年武汉市建设工程安全文明示范项目。

二、高大模板简介

本工程地下室顶板为无梁楼板含柱帽托板，楼板厚220mm，混凝土等级为C35/P6，柱顶四周设置柱帽，柱帽边长2.2m、板厚470mm、高度470mm。地下室负一层层高10m，跨度19m钢筋混凝土框架梁。

三、危大工程判定依据及标准

根据《湖北省房屋市政工程危险性较大的分部分项工程安全管理实施细则》（鄂建办〔2018〕343号）第二章第六条之（二）第2条规定：

混凝土模板支撑工程：搭设高度8m及以上，或搭设跨度18m及以上，或施工总荷载（设计值）15kN/m^{2}及以上，或集中线荷载（设计值）20kN/m及以上为超过一定规模的危大工程。

四、危大工程识别与判定

1. 柱帽托板

1）施工参数及荷载设计见表1。

2）危大工程的判定

（1）模板支撑搭设高度3.55m，小于5m。

（2）模板支撑搭设跨度2.2m，小于10m。

（3）施工总荷载

由可变荷载控制的组合：

$S_1=\gamma 0\times\{1.2[G_{1k}+(G_{2k}+G_{3k})h]+1.4Q_{1k}\}=0.9\times\{1.2\times[0.2+(24+1.1)\times0.47]+1.4\times2.5\}=16.107\text{kN/m}^2$；

由永久荷载控制的组合：

$S_2=\gamma 0\times\{1.35[G_{1k}+(G_{2k}+G_{3k})h]+1.4\times0.7Q_{1k}\}=0.9\times\{1.35\times[0.2+(24+1.1)\times0.47]+1.4\times0.7\times2.5\}=16.781\text{kN/m}^2$；

施工总荷载：$S=\max\{S_1, S_2\}=\max(16.107, 16.781)=16.781\text{kN/m}^2$。

施工总荷载为16.781kN/m^2，大于15kN/m^2，此项达到超过一定规模的危大工程标准。

2. 超高大跨度模板

1）施工参数及荷载设计见表2。

2）危大工程的判定

（1）模板支撑搭设高度10m，大于8m，此项达到超过一定规模的危大工程标准。

（2）梁模板支撑搭设跨度19m，大于10m，此项达到超过一定规模的危大工程标准。

（3）施工总荷载

由可变荷载控制的组合：

$S_1=\gamma 0\times\{1.2[G_{1k}+(G_{2k}+G_{3k})$

柱帽托板施工参数及荷载设计　　表1

项目名称	部位	层高/m	构件尺寸（长×宽）m	高度/m
柱帽	6-2～5-3/6-A～6-Y轴	3.55	2.2×2.2	0.47
混凝土楼板厚度h/mm		470	模板支撑搭设高度H/m	3.55
模板支撑搭设跨度L/m		2.2	模板及其支架自重标准值G_{1k}/（kN/m^2）	0.2
新浇筑混凝土自重标准值G_{2k}/（kN/m^2）		24	钢筋自重标准值G_{3k}/（kN/m^2）	1.1
施工人员及设备产生荷载标准值Q_{1k}/（kN/m^2）		2.5	架体与周边约束物是否有可靠拉结或支撑	是

$h]+1.4Q_{1k}\}\times b=0.9\times\{1.2\times[0.2+$（24+1.5）×2]+1.4×2.5}×0.6=35.068kN/m^2；

由永久荷载控制的组合：

$S_2=\gamma0\times\{1.35[G_{1k}+（G_{2k}+G_{3k}）h]+1.4\times0.7Q_{1k}\}\times b=0.9\times\{1.35\times[0.2+$（24+1.5）×2]+1.4×0.7×2.5}×0.6=38.648kN/m^2；

施工总荷载为38.648kN/m^2，大于15kN/m^2，此项达到超过一定规模的危大工程标准。

（4）集中线荷载

由可变荷载控制的组合：

$S_1=\gamma0\times\{1.2[G_{1k}+（G_{2k}+G_{3k}）h]+1.4Q_{1k}\}\times b=0.9\times\{1.2\times[0.2+$（24+1.5）×2]+1.4×2.5}×0.6=35.068kN/m；

由永久荷载控制的组合：

$S_2=\gamma0\times\{1.35[G_{1k}+（G_{2k}+G_{3k}）h]+1.4\times0.7Q_{1k}\}\times b=0.9\times\{1.35\times[0.2+$（24+1.5）×2]+1.4×0.7×2.5}×0.6=38.648kN/m；

集中线荷载：

S=max（S_1，S_2）=max（35.068，38.648）=38.648kN/m；

集中线荷载为38.648kN/m，大于20kN/m，此项达到超过一定规模的危大工程标准。

3. 识别结论

根据上述参数得知：

1）柱帽边长2.2m，板厚度470mm，施工总荷载16.781kN/m^2，大于15kN/m^2；

2）超高大跨度模板高10m，大于8m；19m跨模板支撑体系，大于10m；施工总荷载38.648kN/m^2，大于15kN/m^2；集中线荷载38.648kN/m，大于20kN/m。

此两项施工区域均为超一定规模的危大工程，该模板工程施工时，须由总包单位组织专家对该专项施工方案进行论证。

专家论证内容包括：

（1）专项施工方案内容是否完整、可行。

（2）专项施工方案计算书和验算依据、施工图是否符合有关标准规范。

（3）专项施工方案是否满足现场实际情况，并能够确保施工安全。

超高大跨度模板施工参数及荷载设计　　表2

项目名称	部位	层高/m		构件尺寸（长×宽）m	高度/m
超高大跨度模板	-1F顶板6-21～6-29/6-AX～6-AN	10	框架梁	19×0.6	2
			框架梁	5.7×0.45	0.8
			板	/	0.25
模板支撑搭设跨度L/m	19	模板及其支架自重标准值G_{1k}/（kN/m^2）		0.2	
新浇筑混凝土自重标准值G_{2k}/（kN/m^2）	24	钢筋自重标准值G_{3k}/（kN/m^2）		1.5	
施工人员及设备荷载标准值Q_{1k}/（kN/m^2）	2.5	架体与周边约束物是否有可靠拉结或支撑		无	

五、高大模板施工安全管理要点

1. 施工准备阶段管理工作

1）熟悉监理依据。该区域工程施工前，总监组织项目监理机构各专业监理工程师认真熟悉施工图纸和监理工作依据，提前做好监理技术准备工作。

2）专项施工方案编制和审查。督促施工单位根据相关要求，编制有针对性的专项施工方案。该专项施工方案应当在危大工程施工前组织工程技术人员编制完成，并由施工单位技术负责人审核签字、加盖单位公章，后由总监审查签字、加盖执业印章后，由总包单位组织进行至少5名相关专业的专家进行论证。专家论证会召开5日前，施工单位应将通过施工单位技术负责人审核和总监审查的专项施工方案送达论证专家。专家论证会召开3日前，施工单位将专家论证会议方案报告建设工程安全监督机构，安全监督员到场监督论证会议程序的合规性。

总监审查专项施工方案时，要审查专项施工方案内容完整性和符合性及针对性，包括专项施工方案编制人、审核人、审批人员是否与工程项目相符，施工单位审批手续是否齐全完备，模板工程计算书及大样节点图是否准确等。

危大工程专项施工方案主要内容应包括：

（1）工程概况：危大工程概况和特点、范围、施工平面布置、施工要求和技术保证条件。

（2）编制依据：相关法律、法规、规范性文件、标准、规范及施工图设计文件、施工组织设计等。

（3）施工计划：包括施工进度计划、材料与设备计划。

（4）施工工艺技术：技术参数、工艺流程、施工方法、操作要求、检查要求等。

（5）施工安全保证措施：组织保障措施、技术措施、监测监控措施等。

（6）施工管理及作业人员配备和分工：施工管理人员、专职安全生产管理人员、特种作业人员、其他作业人员等。

（7）验收要求：验收标准、验收程序、验收内容、验收人员等。

（8）应急处置措施。

（9）计算书及相关施工图纸。

对于超过一定规模危大工程专项方案，专家论证的主要内容应当包括：

（1）专项施工方案内容是否完整、可行。

（2）专项施工方案计算书和验算依据、施工图是否符合有关标准。

（3）专项施工方案是否符合现场实际情况，并能够确保施工安全。

3）参加论证会议。专家及建设单位项目负责人；设计单位项目技术负责人及相关人员；施工单位技术负责人、项目负责人、项目技术负责人、专项施工方案编制人员、项目专职安全生产管理人员；监理单位总监、专业监理工程师应参加施工方案专家论证会，认真听取专家论证意见，并做好记录。

4）督促完善施工方案。根据专家书面论证意见，督促施工单位要限期完善施工专项方案内容及施工审批手续，总监再进行审查签字，并盖执业印章。

5）危大工程标识。要求施工单位在施工现场显著位置挂牌，公告危大工程名称、施工时间和具体责任人员，并在危险区域设置安全警示标志。

6）专项施工方案实施前，编制人员或者项目技术负责人应当向施工现场管理人员进行方案交底。施工现场管理人员应当向作业人员进行安全技术交底，并由双方和项目专职安全生产管理人员共同签字确认。施工单位项目技术负责人进行施工方案技术交底时，总监安排专业监理工程师参与旁听。

7）总监安排专业监理工程师，结合工程设计文件、通过审批的危大工程专项施工方案及相关法律法规要求，编制监理实施细则报总监审批。

8）监理机构内部交底。高大模板工程施工监理工作前，总监组织对项目监理机构相关人员进行书面工作交底，包括施工流程、监理工作程序、模板支撑施工参数、材料验收、构造要求及质量标准等。确保相关监理人员能熟练掌握高大模板施工监理控制方法与措施和验收要点。

9）认真审核施工单位报审的架子工特种作业人员上岗证书，监理人员应上网查询其证件的真实性。

10）督促施工单位严格按照专项方案组织施工，不得擅自修改专项施工方案。

2. 施工阶段管理工作

1）严把材料关。进场的钢管、扣件、可调顶托等材料，做好进场验收并按规定见证取样送检。施工中，监理人员不定时巡查，对使用的材料进行检查，重点检查钢管及扣件和顶托等材料、支撑搭设和构造，是否符合要求。

2）严把人员审核关。高大模板施工中，施工单位项目负责人、技术负责人必须到岗履职，安全管理人员、质量管理人员应到现场进行监管，操作工人必须实名登记，持证上岗、人证合一，并加强安全技术交底。监理人员对管理人员到岗情况、特种作业人员持证情况进行核查。

3）严把施工过程监督关。施工过程中，监理人员加大现场检查巡查力度，对照经审批的专项施工方案，对材料和关键节点工序做好跟踪检查验收，检查材料质量、立杆间距水平步距、架体构造、扣件力矩、剪刀撑设置、钢管柱设置、梁跨中起拱高度等内容。

案例中检查发现：（1）梁中部应设置间距1m的48×3.25钢管网格柱，但现场按2m间距设置；（2）梁底支撑钢管沿梁跨度方向应间距0.45m设置48×3.25双钢管，但现场设置的间距量测达1m。对此安全隐患，监理人员发现后，除现场口头通知外，监理机构还及时下发了监理通知单，要求施工单位限期整改。整改完成后，监理机构现场复查，将安全问题消灭在萌芽中，消除了安全风险，也保证了混凝土结构工程质量，同时也避免后续大面积返工，保障了施工进度。

4）严把监理旁站关。混凝土浇筑前，确认模板支撑体系验收，督促施工单位做好混凝土组织供应、施工管理人员和作业人员安全技术交底、施工机械性能完好性检查，经施工单位项目技术负责人和项目总监确认具备混凝土浇筑的安全生产条件后，签署混凝土浇筑令；浇筑前做好浇筑范围内所有人员的清场工作并设置警示带，现场专人管理，严禁施工期间进入支架下通行。混凝土浇筑时，按审批的混凝土专项施工方案，严格控制浇筑顺序、分层厚度及振捣质量。浇筑过程，全程要施工技术及安全管理人员和监理工程师现场跟班管理和旁站，并采用仪器量测检查支撑体系的稳定性，同时要按规定留置混凝土同养试块。

本项目 470mm 厚柱帽和 19m 跨框架梁，混凝土浇筑过程施工正常，支架未发生变形、位移及沉降现象。模板拆除后，混凝土外观质量较好、无质量缺陷，几何尺寸和标高符合设计和规范要求。

5）严把验收关。高大模板架体搭设过程中及完成后，分阶段进行中间和最后验收。危大工程验收人员应当包括：总包单位技术负责人、项目负责人、项目技术负责人、专项施工方案编制人员、项目专职安全生产管理人员及相关人员，监理单位项目总监及专业监理工程师；验收时，严格依据专家论证及总监审批同意的专项施工方案，重点检查材料材质、搭设构造是否符合要求等，验收过程和验收结论均形成书面意见并由各责任主体相关人员予以会签。

本项目高大模板工程实施中，总监组织施工单位项目经理及技术负责人和专业监理工程师以及安全管理人员等，不定时巡查现场。同时，请论证专家组长到场，对搭设工作进行了回访。总监巡查和专家回访均形成书面记录存档。

考虑到本项目施工安全管理的重要性，在架体搭设完毕、混凝土浇筑前，监理机构要求施工单位采取预压法，选取了跨中有代表性的一段模板支架进行了试验检测，监理人员及建设单位相关人员现场见证并全程观察和量测架体质量。

3. 拆除管理工作

1）混凝土浇筑后，督促施工单位按规定做好混凝土养护工作。

2）高大模板支撑系统拆除。模板拆除工作，同样是总监安全监理控制重点：

（1）高大模板支撑系统拆除前，项目技术负责人、项目总监应核查混凝土同条件试块强度报告，浇筑混凝土达到拆模强度后方可拆除，并履行拆模审批手续。

（2）拆除前，施工单位项目技术负责人和安全管理人员要对管理人员及施工班组进行有针对性的专项书面安全技术交底，明确拆除顺序、安全作业要点及安全防护措施。

（3）拆除作业时，要求施工单位安全管理人员及监理人员现场旁站。督促施工单位严格按照专项施工方案和交底要求执行，现场设置警戒线和高声喇叭循环喊话，专人监护，严禁无关人员进入作业区域。

（4）高大模板支撑系统的拆除作业必须执行自上而下逐层进行，先支后拆、后支先拆的原则。严禁上下同时拆除作业，分段拆除的高度不应大于两层。设有附墙连接的模板支撑系统，附墙连接必须随支撑架体逐层拆除，严禁先将附墙连接全部或数层拆除后再拆支撑架体。

（5）拆除的钢管、模板等建筑材料，严禁高空抛掷和集中堆放在建筑结构部位，拆除后的材料应及时清运并有序堆放，做到工完场清。

（6）当天未拆除完毕的工作面，要做好安全维护及防护管理，严禁无关人员进入拆除区域。

结语

随着时代发展，高大模板工程会越来越多，安全风险也是随之增加。在此强调参与工程的所有人员都必须提高安全意识，认真履行各自所肩负的职责。作为监理单位项目总监，必须带领监理项目团队把好安全关，把各项安全监理工作和措施落到实处。各参建单位应理解和密切配合监理工作，共同采取切实可行的有效措施，确保高大模板工程施工能够安全顺利地进行。

参考文献

[1] 高层建筑混凝土结构技术规程：JGJ 3—2010[S]. 北京：中国建筑工业出版社，2011.
[2] 建筑施工扣件式钢管脚手架安全技术规范：JGJ 130—2011[S]. 北京：中国建筑工业出版社，2011.
[3]《工程质量安全提升行动方案》（建质〔2017〕57号）。
[4]《危险性较大的分部分项工程安全管理规定》（住建部 37 号令）。
[5]《关于印发〈湖北省房屋市政工程危险性较大的分部分项工程安全管理实施细则〉的通知》（鄂建办〔2018〕343 号）。

浅论检验批在输电线路工程质量验收中首次有效应用及其发挥的重要作用

李永良　安昌德

宁夏重信建设工程监理有限公司

摘　要：为深入推进输变电工程高质量建设，国家电网有限公司研究提出进一步加强输变电工程施工质量验收管理工作意见，明确验收规则、优化验收内容、规范验收程序、落实验收责任，全面推广应用《输变电工程施工质量验收统一表式（试行）》，并明确线路工程不再进行施工质量评定工作，首次采用检验批作为验收的基本单元。为保障验收统一表式有效贯彻落实，进一步强化工程质量管控，针对设备材料进场、线路组塔架线、工程转序交接、带电启动投运等重要环节，从质量检测和质量验收两个方面着手，推行输变电工程施工质量强制措施。由宁夏重信建设工程监理有限公司承担监理任务的灵州至青山750kV线路工程自2020年8月首次全面执行统一验收表式，至工程竣工验收投运，通过有效的过程管控，认为以检验批为基本单元的工程质量验收范围划分原则与国家建筑工程施工质量验收统一标准等专业工序相匹配，便于现场有效执行，为工程质量的过程管控发挥了重要作用。

关键词：输电线路；检验批；首次应用；重要作用

引言

为贯彻落实住房和城乡建设部施工质量“验评分离、强化验收、完善手段、过程控制”工作方针，严格执行《中华人民共和国建筑法》《建设工程质量管理条例》、工程建设国家标准、行业标准、企业标准和《国家电网有限公司输变电工程验收管理办法》等文件要求，国家电网有限公司于2020年8月印发《关于进一步加强输变电工程施工质量验收管理的通知》，重点强调了质量管控的原则、统一了验收表式、提出了刚性执行质量检测要求（“五必检”）、严格履行质量验收程序（“六必验”）的要求。通过严格落实，为保证工程质量奠定了坚实基础。作为首次应用的工程项目总监理工程师，对此要求的执行过程深有体会，尤其是以检验批为基本单元的质量验收划分，对工程质量的有效管控发挥了举足轻重的作用。

一、标准修编替代中的重大变化

从《110kV～500kV架空电力线路工程施工质量及评定规程》DL/T 5168—2002到《110kV～750kV架空输电线路施工质量检验及评定规程》DL/T 5168—2016，标准主要取消了“优良等级”评定，将质量评定中原有的“不合格、合格、优良”三个等级，修改为“合格、不合格”两个等级，将检查项目部的“性质”由“关键、重要、一般、外观”修改为“主控、一般”。工程质量检验及评定范围划分为单位工程、分部分项工程、单元工程。

《国家电网有限公司输变电工程施工质量验收统一表式》（架空线路部分）中，首次提出检验批的概念，在原标准中对于单位工程、分部工程划分原则不变的前提下，将线路工程划分为29个分项工程和68个检验批，验收结论仍为“合格”与“不合格”。对应63张验收表式（其中48张检验批质量验收记录和15张原始记录表式），使线路工程的质量验收与专业工序相匹配，并且取消了质量评定、取消了强制性条文表式，利用特殊符号将强制性条文、标准工艺、质量通病防治要求包含在统一验收表式中，便于过程执行，减少工程一线技术人员负担。

二、统一验收表式的有效实施

（一）及时做好新要求的有效执行

《输变电工程施工质量验收统一表式》（架空线路部分）的印发，是输电线路工程建设中技术标准清单更新中的一个重要节点，存在诸多新知识、新概念、新内容的宣贯和应用。工程监理项目部高度重视，结合工程建设节点时间，及时按照国网公司管理文件要求，书面下发通知，从本工程土石方分部工程开工，就全面应用该表式，避免了建设过程中因执行标准变更导致资料大量返工。

（二）强化对检验批概念的掌握和其在质量验收中的重要性的认知

由于检验批表式在输电线路工程中尚属首次应用，在以往的输电线路工程中，仅细化至单元工程，技术人员对于检验批的概念相对较为陌生，加之线路工程作业班组较多，要在短时间内将班组及质量管理人员多年形成的质量验评惯性概念进行转变，就必须做好宣贯交底工作，这就必须以弄清楚“检验批”的概念为出发点。

检验批验收是分项工程质量验收的最小单元，按照《建筑工程施工质量验收统一标准》GB 50300—2013 的术语规定，是“按相同的生产条件或按规定的方式汇总起来供抽样检验用的、由一定数量样本组成的检验体。”这相当于产品制造过程为确认产品质量的符合性，需要按规定的方式和检验试验方法选取一定数量的样本进行抽样检验一样，抽样检验的样本质量就代表了某一批产品的质量情况。

强制性条文规定，检验批是按同一生产条件或按规定的方式汇总起来供检验用的，由一定数量样本组成的检验体；可根据施工及质量控制和专业验收需要按基、施工段等进行划分。检验批的质量应按主控项目和一般项目验收，主控项目为工程中的对安全、卫生、环境保护和公众利益起决定性作用的检验项目，除主控项目以外的检验项目为一般项目。

在建筑工程中，只有检验批验收是需要“对被检验项目的特征、性能进行量测、检查、试验等，并将结果与标准规定的要求进行比较，以确定项目每项性能是否合格”的，这就是检验（GB 50870 术语），其他的分项、子分部、分部、子单位及单位工程的验收都是统计的结果，其中也包括了质量控制资料核查、安全和使用功能核查及抽查、观感质量验收等内容，但总体来说，检验批的验收是最基础的单元，没有检验批验收就没有分项、分部工程及单位工程验收，即检验批质量验收及验收的质量情况在很大程度上影响或决定了分项、分部工程和单位工程的质量验收的结果。可见，做好检验批质量验收这一控制程序，对于整个工程质量的控制十分重要。

（三）严格执行质量验收管理流程，同步完成各项检查记录

在表式执行过程中，工程监理项目部能够督促各参建项目部严格执行国家电网有限公司《输变电工程质量验收管理办法》《输变电工程建设质量管理规定》及国家电网有限公司《关于进一步加强输变电工程施工质量验收管理的通知》的各项要求，严格落实“五必检”“六必验”的质量管理强制性措施要求，确保做到所有检验批经验收合格，质量验收记录齐全、完整后，方可开展分项工程验收。所有分项工程经验收合格，质量控制资料齐全、完整后，方可开展分部工程验收。所有分部工程经验收合格，质量控制资料齐全、完整后，方可开展单位工程验收。

三、执行期间的较好的做法

（一）落实验收人员实名制备案管理

为了严格做好验收人员实名制备案管理工作，在工程监理项目部的牵头组织下，经业主项目部审核同意，主要采取了以下管理措施：

1. 施工项目部成立后，在编制工程施工质量验收范围划分表的同时，确定施工单位（含分包单位）验收责任人名单，向监理项目部报审。

2. 监理项目部审查工程施工质量验收范围划分表、施工单位验收责任人名单，编制监理单位验收责任人名单，向业主项目部报审。

3. 业主项目部审批工程施工质量验收范围划分表、施工单位及监理单位验收责任人名单，汇总建设管理、勘察、设计及物资供应单位验收责任人信息，编制完成工程质量验收责任人实名制备案一览表。

4. 各参建单位质量验收责任人备案一览表必须由本人手写签字，严禁他人代签，严禁使用电子签名、手写体印章和图片编辑等方式替代手写签字。

5. 质量验收责任人名单应全面覆盖质量逐级验收、设备材料验收、隐蔽工程验收、中间质量抽查监督、施工方案审核等工作。

6. 工程开工前，业主项目部组织各单位项目负责人对一览表确认、签字、盖章后，报送建设管理单位备案。

7. 工程开工后，由业主项目部在现

场公示栏全过程公示质量验收责任人实名制备案一览表。

8. 质量验收责任人如有变更，应在履行变更手续时，同步完成新进人员的实名制备案手续，并添加到公示栏。

质量验收责任人实名备案是落实质量逐级验收“三实管理”的重要举措，是夯实质量逐级验收的基础性工作，通过有效落实质量验收责任人手写签字现场公示，提升了质量验收人员责任意识，确保质量验收责任人到岗履责、签字确认，杜绝质量验收责任人不到位、不履责和代签现象，做实质量逐级验收，为工程质量终身追溯奠定了坚实基础。

（二）专题探讨制定记录样表

针对检验批等记录表式的繁杂性，为了规范填写内容，工程监理项目部组织施工项目部技术人员参加，结合工程实际特点，对相关原始记录、检验批记录表式的填写要点进行了规范统一，重点对记录中的检查记录、检查结果、验收结论的填写进行了统一，便于现场有效执行，通过实施前、实施中的多次征求汇总意见，并及时进行完善，使记录表式能有效记录施工过程的真实情况，为后续的分项、分部、单位工程的验收奠定基础，并结合隐蔽工序的签证记录表式内容，使其能相互印证，有效落实验收规范等检查要点，为施工质量的有效管控发挥了重要作用。

（三）独立开展实测实量工作

工程监理项目部配置齐全各项检测仪器及专业技术人员（测量、登高），具备独立开展实测实量工作的基础条件，在日常的检验批检查验收及各分部工程监理初检过程中，均能按照国网公司相关质量管理规定和验收管理办法，制定详细的验收方案，有序开展工程质量实测实量检查，应用验收统一表式实时记录验收数据，重点做实检验批及隐蔽工程验收，严格施工过程质量控制，加强施工记录和验收资料管理，提升质量验收水平及深度。

四、取得的成效

（一）全面落实了“验评分离、强化验收、完善手段、过程控制”工作方针要求

《输变电工程施工质量验收统一表式》的有效执行，使国家电网有限公司有关输变电工程质量管理和验收管理的文件更有可操作性，并与《建筑工程施工质量验收统一标准》GB 50300—2013 等国家标准的要求有效衔接，全面落实了“验评分离、强化验收、完善手段、过程控制”工程质量管理工作方针要求。

（二）检验批表式直观指导一线质量管理人员从严抓好过程质量管控工作

统一验收表式中的检验批表式，详细将各检验批的主控项目和一般项目进行了分类，对各检查项目（内容）的质量标准进行了详细罗列，并结合强制性条文的执行、质量通病防治、标准工艺应用进行了明确标注，对于施工依据和验收依据进行了明确，并将对应的各参建单位的验收人员签字身份进行了明确，能够有效指导一线管理人员在日常过程中同步完成施工质量的过程检查，防止因工作拖滞造成部分隐蔽工程无法及时开展检查验收，且能够直观保留一手原始验收资料，通过监理项目部的有效监督，严把了工程基础单元的质量关口。

（三）督促各参建单位有效发挥工程质量责任

检验批验收是工程质量验收最基础的一项活动，参建单位的技术人员均需高度重视，且要严格遵守验收组织程序，要高质量开展现场检查工作。如果仅在纸面上开展检验批验收，而没有一个严谨的检验批验收的组织过程。这种情况将造成工程技术资料中最重要、最基础检验批资料成为最多的无用资料，因为现实中存在诸多的检验批资料都不是按照组织程序开展实测实量验收，大多是施工单位项目资料员随意填写的，基本上不具有真实性和可追溯性。按照 ISO9000 质量管理体系认证标准的要义，检验批验收记录同时也是一种检验状态标识，即通过检验批验收活动及所形成的记录即可代表所检验的分项工程的合格与否（检验批实际相当于旧版标准的同类分项工程）。然而没有检验批验收这样一个必要的组织过程，却又有了过程的结果，这样的所谓验收及所形成的资料都是无效的。

本工程建设过程中，参建单位项目部能够严格执行国网公司有关输变电工程质量管理和验收管理的通用制度要求，深入开展质量制度培训，规范执行质量验收管理办法，通过检验批检查验收的过程严格执行，为后续的分部工程、单位工程的检查验收奠定了坚实基础，督促各参建单位有效发挥了工程质量管理责任。

参考文献

[1]《国家电网有限公司关于进一步加强输变电工程施工质量验收管理的通知》（国家电网基建〔2020〕509 号）。

[2]《国家电网有限公司输变电工程验收管理办法》国网（基建 3）188–2019）。

[3] 110kV ~ 750kV 架空输电线路施工质量检验及评定规程：DL/T 5168—2016[S]. 北京：中国电力出版社，2016.

[4] 110kV ~ 750kV 架空输电线路施工及验收规范：GB 50233—2014[S]. 北京：中国计划出版社，2015.

[5] 建设工程监理规范：GB/T 50319—2013[S]. 北京：中国建筑工业出版社，2014.

[6] 电力建设工程监理规范：DL/T 5434—2021[S]. 北京：中国电力出版社，2022.

[7] 建筑工程施工质量验收统一标准：GB 50300—2013[S]. 北京：中国建筑工业出版社，2014.

“珞珞如石”布展及装修工程小记

刘怀韬　吴红星
上海容基工程项目管理有限公司

摘　要：以BIM管理、综合集成工艺等现代化的手段，展示武汉大学万林艺术博物馆丰富的馆藏资源，将学术性、知识性、艺术性和观赏性紧密结合，改进了装修工艺，对展柜安装及调试精细控制，为类似工程提供参考。

关键词：BIM 新工艺；展厅综合集成；展柜安装

引言

值武汉大学建校 100 周年之际，我们有幸参建了武汉大学万林艺术博物馆，这是中国高校中有名的生物院校的优质品牌，也是中国目前规模较大的高等院校生物博物馆，能够参与建设管理，与全国各地的博物馆建设专家、学者济济一堂，幸莫大焉，特此写文以示纪念。

“珞珞如石”的出处，选自《老子》第 39 章：“贵以贱为本，高以下为基，……是故不欲琭琭如玉，珞珞如石。”这种精神正与武汉大学“自强、弘毅、求是、拓新”的校训精神相吻合。它涵盖了万林艺术博物馆本次打造的两大类精品陈列，涉及鸟类、兽类标本和青铜、陶瓷、书画、钱币等文物。活脱灵动的珍稀飞鸟和远古千年的青铜陶瓷器，如今选择珞珈山“筑巢为家”，有如“磐石”一般，不仅将珍贵的标本和文物永恒地留在了珞珈山，更是将中华民族优秀传统文化的丰富哲学思想、人文精神、价值理念所蕴藏的强大的精神支撑和智慧宝库永远留在了武汉大学。寄寓武大学子脚踏实地、甘于平凡、默默奉献，为成为国家之栋梁而奋斗不息。

武汉大学万林艺术博物馆展厅总建筑面积 1729m^2，动物标本库房 132.6m^2。包括：图纸范围内的拆除、装饰工程、强弱电工程、照明及专业灯具安装、安防工程、通风空调工程、新风系统、消防工程、安全门、展柜（含恒温恒湿展柜）、造型树展架、展台、展架、中英文展示说明牌、图文板、金属字或立体雕刻、储物柜、原状陈列、模型、沙盘展台、多媒体系统工程（硬件采购、视频制作、软件制作）；动物标本及可移动文物摆放（含展具）；施工过程的设计优化。

布展大纲分为四个部分加序厅及其他功能区进行展示序厅开启展示、总览主题。

第一部分关关雎鸠鸟类标本集中展示，展现中国鸟类多样性。包括：北冥有鱼——鸟类的起源与演化；凤凰于飞——中国鸟类多样性；林灌精灵——原野影踪 + 水中居客；湿地瑰宝——中国特有珍稀动物。

第二部分呦呦鹿鸣动物标本集中展示，追溯生物演化史。包括：芳草萋萋——草地生态系统；幽幽南山——森

林生态系统；蒹葭苍苍——湿地生态系统；海何澹澹——海洋生态系统；雪冰皓皓——南极生态系统；动物展厅信息带

第三部分循迹溯源本展厅通过武汉大学考古专业师生主持或者主要参与的几项重要考古发现，展现武汉大学考古学的主要业绩，同时将考古学特别是公众考古学的知识传达给观众。包括：走马岭——打开中国早期聚落；盘龙城——长江流域最大城市；辽瓦店子——擦亮区域文化标尺；考古学的研究方法；杨家湾——南方地区隋代大墓揭秘；旧县坪——填补宋代城市考古空白。

第四部分淬火凝华，通过展示武汉大学历史学院珍藏不同时期、不同质地的文物数千件，展示学院办学历史悠久，及注重传承、保护祖国传统文化遗产的传统。包括：文明曙光、繁华现世、莹然艺趣。其他功能区域有，开放式教学体验区、志愿者服务、休息区、淬火凝华夹层空间标本库房等。

一、工程管理思路

通过对项目进行详细、科学、合理的安排，根据工程特点及招标文件的要求，合理安排各工种比例投入和施工流水段划分，做好各分项工程间的配合，是本工程项目管理的关键。只有根据项目的具体特征进行深层次的思考，才能把握项目的重点，并在施工中予以贯彻和执行。

（一）树立“精品”意识

武汉大学万林艺术博物馆是中国一流大学的掌上明珠，在全国享有盛誉，无论是从项目本身还是从社会效益、经济效益角度考虑，均十分重要。因此，在整个工程施工前，项目的所有参与者均应树立“精品”意识，保证以“精品”意识贯穿工程始终，真正做到业主满意、社会好评，从而树立公司良好的品牌形象。

（二）注重预控和过程关键点的控制

建筑施工是十分严谨的物化劳动过程，应结合项目的管理目标，对工程的技术、质量、材料、劳动力、施工机具、现场管理等各个环节进行认真分析，并制定管理措施；找出施工过程的关键控制点，并针对关键控制点制定管理措施，从而保证工程质量、工期等始终处于全面受控状态。

（三）注重与其他专业的协调

公司根据以往管理的类似工程来看，装饰工种与其他专业工种能否进行良好的施工配合，将直接影响到工程能否顺利施工。通过制定装饰与其他专业工种的实施配合方案，提交业主、设计、总包和其他相关管理单位进行讨论。

（四）注重与工程参与各方的配合

尽可能与工程参与各方进行全面接触与交流，严格按照武汉大学各位领导的指示精神，根据各方在项目中的地位和工作性质制定具体的配合计划，并在实施过程中将计划落到实处。根据施工部位、施工内容开展有效的穿插施工。健全、完善工程组织管理，并将责任落实到每件事、每个人。

武汉大学万林艺术博物馆工程外加工材料多，包括石材、玻璃银镜、瓷砖、不锈钢制品、木门、浮雕、展柜、展台、展架、展板、灯箱、雕塑等，都需要场外加工。如此多的加工品种需要多个厂家共同加工完成，例如，场外加工材料的控制是工程的一个难点。解决方案是，对外加工材料设置专门负责人，负责加工工厂现场监督复核，保证材料加工的质量以及材料与现场的匹配。

选择有经验和业内口碑好的优秀加工厂家，保证加工的质量和进度。绘制精确的加工图纸，现场确认，加工后的产品才能用于现场施工，避免不必要的返工。外加工材料进场时，严格与加工单核实规格尺寸，检查质量，建设单位、总包单位、监理单位共同确认后，才可进场。

通过以项目总监为核心，充分发挥企业的整体优势，以全面质量管理为中心，以专业管理和计算机管理相结合的科学化管理手段，以高效率地实现工程项目综合目标为目的，以合同管理为依据，对工程进行全过程、全方位的计划、组织、管理、协调与控制，圆满实现质量目标以及对业主的承诺，如期向业主交付一个满意工程。

二、BIM对装饰细节的控制

BIM管理技术是基于互联网的管理信息技术，是指利用互联网技术，集成各类智能终端设备对建设项目现场实现高效管理的综合信息化系统。系统能够实现各类统计分析等，提高项目现场用工管理能力、辅助提升政府对项目管理的监管效率，保障工人与企业利益。

通过使用BIM技术，现场设计节点细化可通过驻地设计师进行现场电脑绘制，及时准确地将具体节点的施工图式及方案下发到班组长及技术施工人员手中，便于及时地开展细部施工。本专业配合多，实施参与方也多，必然有庞大的信息量，协同共享历来是面临的重大难题。项目参与各方应在统一的信息共享平台、统一的BIM数据库系统、统一的流程框架下进行作业，才能高效协同。

根据对项目BIM应用成果统计分析，本项目应用BIM技术最后在以下几方面获得显著提升：

（一）减少60%左右的现场返工情况。

（二）施工现场协同效率提升30%左右。

（三）质量安全管理能力加强。

（四）合理工期进度情况下，节省5%左右工程进度。

（五）详细、准确、结构化的工程竣工档案。

（六）对实际发生的设计变更也可及时进行针对性的处理，缩短时间。从项目管理的角度来说，效果也很明显。

（七）采用先进的项目BIM管理软件，针对本项目建立专门的项目管理平台，从而有效地帮助管理层安排高效的生产计划、工作安排，合理的资源调配及项目进程中的各个阶段的进度分析和费用分析，并能管理项目中繁多的文件及文档，使人员之间的交流和联系更加及时、方便、准确，避免不必要的成本浪费，提高整个项目的可控性和透明度。

（八）其中特别强调通过BIM管理，强化对饰面材料排版的要求，下料时对每块材料进行编号，精确尺寸，按排版图编号安装，减小误差。

三、新工艺的应用

（一）所有内外部装饰的涂料、油漆均采用喷涂工艺，特殊部位在厂家进行高温烤漆处理，并达到相关要求的优良标准。

（二）地面石材铺设前，应首先将其拼好纹路，并在其干燥状态下，六面均匀涂刷石材保护及防水剂。铺设石材所用的砂子不允许采用海砂，以防泛碱发白，应使用干净的河砂进行铺设，并在铺设时严格控制砂浆含水率及密实度。嵌逢材料应仔细检查并掺入防水剂，以防止水分进入黏结层。现场留置施工缝，并注意防水处理。

（三）木质产成品，工程中所有木制品都采用工厂加工，现场进行安装的方式进行施工。木材类产品先放置在特制的烘烤室内，予以40℃烘烤，加速甲醛的释放后，再投入使用。

（四）改进装修施工工艺，在施工过程中，通过工艺手段对建筑材料进行处理，以减少污染。如对人造木板的表面及端面采取有效的涂覆处理，可减少污染物向室内空气中挥发；对混凝土表面进行一定的化学处理，可以有效地抑制氡气的扩散。

（五）空气净化剂：将二氧化钛（TiO_2）与活性石墨按一定比例混合后，加入建筑材料中，从而使该建筑材料能吸收空气中的污染物，然后通过紫外线激活二氧化钛（TiO_2），利用光催化作用，将建筑物吸收的污染物转化为无害物质。

四、展柜安装方案与调试

展柜现场组装是本项目非常重要的环节，制作精品不仅靠设计制造，还要看安装的精密度和相应设备的合理组合。为此项目部做出如下安排：

（一）人员：技术负责人现场指导安装，同时配备机械工程师、电气自动化工程师、测量师、电子系统工程师及专业照明、微环境控制等相关技术指导。保证质量，按期完工。

（二）展柜运输、保险及保管：货物运送至安装现场。

（三）开箱检验：箱数、箱号、包装、类别、规格尺寸并做好记录，如有瑕疵进行更换调整，无问题进行安装。

（四）展柜箱体或框架就位后，用红外线水平仪、激光标线仪进行精确定位，确保展柜水平和垂直。调平时，用专用调整件调整精度，不应用紧固或放松底脚螺栓及局部加压等方法强制调整。底脚螺栓调节水平符合规范要求。用双组分中性环保密封胶做密封，完成后做隐蔽部分卫生清洁。安装玻璃时玻璃与铝合金型材之间垫入“U”形硅橡胶垫层，防止玻璃与金属硬接触。金属与玻璃间用双组分中性环保密封胶粘接固定。玻璃缝隙处用中性双组分密封胶密封。安装顶部照明灯光，做好电线隐藏，调试灯光检测是否漏光。开启机构的精确调试，达到开启自如。整体密封用美纹纸消除玻璃胶毛刺余胶，保证展柜的美观。微环境控制系统及无线报警装置安装，将无线控制系统安装在展柜适宜位置，结合初步测试调整安装位置，直至达到要求。全面清洁卫生，放置警示牌做好成品保护。

展柜安装完毕后，公司技术人员（每组3人，共4组）将对展柜开启系统、微环境逐一进行精密调试并进行疲劳测试，同时邀请专业设备工程师协助调试，达到采购人要求后进行最终验收。

五、多媒体综合集成管理

本工程充分考虑业主的各种功能需求，向业主提供一套展厅综合集成管理系统。这套系统具有先进的技术特征，用分布式的计算机网络、分布的数据库结构和分布式的网络接口来配置必要的数据库和应用服务程序，组织完整的管理员操作界面，对纳入集成系统的所有设备进行统一地监测和控制。同时设计和解决该集成网络与弱电各子系统的通信接口。在这样的系统框架下，在各子系统独立运行的基础上，实现子系统的集成，并采用分布式数据库和接口方式最大程度上实现了“危险分散”。通过对弱电各子系统的合理选择，通过对弱电系统集成的整体优化设计，使整个系统能够利用系统集成计算机网络系统和系统集成软件，把展厅弱电工程各子系统由各自独立分离的设备、功能和信息集成为一个相互关联，完整、协调的综合网络系统，使系统信息得到高效、合理的分配和共享。用户在中控机房能对展厅所有IT设备进行统一监视、测量、数据采集和控制管理，并做出相应的决策。

整个展厅的弱电及控制系统必须具有良好的灵活性和可扩展性，不仅能够满足展厅使用者不同需要，同时兼容不断更新设备及技术的功能，具备支持多种通信媒体、多种物理接口的能力，提供技术升级、设备更新的灵活性。

互连性：具备与多种影音、控制及计算机系统互连互通的特性，确保影音、控制、交互、信息编辑发布及参观在展厅弱电系统设计中，采用智能化，可管理的设备，采用自主开发的先进的系统智能管理软件，实现先进的分布式管理。并能与系统中央控制中心通信，最终能够实现整个场馆良好影音、多媒体互动、信息发布及参观指引系统的集中控制。

组网设计：联想创新展厅智能化多媒体集成网络系统是一个典型的计算机区域网，采用高速以太（Ethernet）网，10Base-T或者100Base-TX结构，可以是星型连接，也可以是星－总混合型连接。支持100Mbps的传送速率。系统可以通过网桥或路由器和其他区域网、广域网连接。

所有服务器采用CPU主频≥2.6GHz，CPU数量≥2个，处理器二级高速缓存≥1MB，系统前端总线≥800MHz，内存容量≥4GB，扩展能力≥32GB，双10/100/1000M自适应网卡配置的PC机。

系统软件：网络系统运行和量身定制的多媒体集成管理系统软件，专为智能化展厅的集成管理系统设计，向用户提供统一的实时监控、数据采集和管理的网络软件。这套分布式面向对象的网络软件，基于Windows XP操作系统，采用以太网结构，TCP/IP协议等先进技术，是一个典型的分布式客户机/服务器网络平台。

系统中以TCP/IP协议或者通信网关实现和各子系统的通信连接。

网络通信协议：网络通信采用TCP/IP协议，系统可以通过调制解调器和国际互联网（Internet）连接，远程呼叫采用PPP方式，系统支持远程用户工作站。

子系统通信接口：系统采用以下技术或方式和武汉规划馆弱电工程的各种弱电子系统连接：

（一）Windows操作系统所支持的动态数据交换（DDE）功能或者用于过程控制的对象的链接和嵌入（OPC：OLE for Process Control）技术。

（二）支持TCP/IP协议的应用程序接口API函数或者其他类似的应用程序接口。

（三）开放的数据库接口ODBC协议。

（四）基于RS232、RS422、RS485协议的串行通信接口。与弱电子系统的通信技术和方式，取决于该子系统本身具备何种通信能力。所以系统中的通信网关会有多种形式。

结语

本工程建设是一项极其荣耀的工程，项目部将本工程列为年度重点建设项目，本着“充分与业主合作，真诚为业主服务”的精神，以高度严谨和负责的态度，以高起点、高标准的施工指导思想，挑选优秀的具备丰富的工程项目策划、管理、组织、协调、实施和控制的经验和水平的项目总监，配备素质高、业务强、业绩丰厚的项目班子，并组织一支思想作风过硬、专业管理能力强、纪律严明、善打硬仗的队伍精心组织、倾情打造，将武汉大学万林艺术博物馆基本陈列布展及装修工程建成一个精品工程、标志性工程，向武汉大学百年校庆献礼。

参考文献

[1] 建设工程监理规范：GB/T 50319—2013[S]. 北京：中国建筑工业出版社，2014.
[2] 韩黎晶，袁凌云．智慧教室多媒体集成管理信息系统的设计与实现[J]. 电脑与信息技术，2018，26（5）：43-46.

浅析监理在大毛坞—仁和大道供水管道工程Ⅳ标工程项目质量、安全风险防控的控制措施

毛建全
杭州天恒投资建设管理有限公司

引言

百年建筑，质量为先。建筑行业最重要的问题就是质量，工程质量事关人民群众生命财产安全、城市未来和传承、新型城镇化发展水平。采取有效措施提升建筑工程品质，减少建设工程的安全风险，历来都是监理工作的重中之重，也是监理工作的重点。在监理工作中，面对施工质量控制及潜在的风险和隐患，要始终坚持“质量为本、安全第一、廉洁自律、预防为主、综合治理”的管控原则，并从源头上深入推进工程监理行业信用体系建设，筑牢质量安全风险防控意识，营造诚信、自律、和谐的市场氛围，提高监理服务质量，保证工程成效。

2018 年 3 月，公司（杭州天恒投资建设有限公司）承接了杭州市千岛湖供水工程城北线项目（大毛坞—仁和大道）监理标，该工程社会影响大，工程复杂、技术要求高，公司组织项目监理部，攻坚克难，通过两年半的艰苦努力，按期完成，达到了质量优良、安全顺利的预期目标。工程已于 2020 年 9 月 25 日完成竣工验收并投入正常使用。工程管理过程中积极开展创优科研活动，取得了多项 QC 活动成果和科研成果，并获得了浙江省市政公用工程施工安全生产标准化管理优良工地、浙江省建筑业绿色施工示范工程、杭州市建设工程西湖杯（优质工程）奖。目前正在参评钱江杯及一些国家级奖项。

一、工程简介

该工程为千岛湖引水配套工程，是浙北水资源配置的重大工程，承担着向杭州主城区北部（包括闲林、九溪、祥符）余杭区、嘉兴区域提供优质原水的重任，是改善杭州、余杭、嘉兴三地 700 万人民群众用水品质，提高供水保障的重大民生工程，是目前浙江省内已实施的在有限空间（盾构隧道、隧道内）埋设的最大管径的钢质输水管。工程全线长 28.6km，采用隧洞和管道组合方式，分为钻爆段、明挖段、盾构段，设计输水规模 165 万 t/ 日。其中，盾构段施工 20.2km，其盾构体结构形式为外径 6.2m，内径 5.5m 的预制混凝土管片隧道，成型后在隧道内部安装一根 Φ3496mm × 30mm 的钢管，单根长度 12m，重约 30.7t，并在钢管下方施作 70cm 厚的 C25 混凝土基础。其中大毛坞—仁和大道供水管道工程Ⅳ标段位于杭州市西湖区，主要包括：G4、G5 两个盾构井，G3 ~ G4、G4 ~ G5 两个盾构区间的钢管安装。G3 ~ G4 区间线路全长 3449.183m，区间最小平面曲线半径为 300m，最大纵坡为 1.749%。

G4 ~ G5 区间线路全长 2762.928m，区间最小平面曲线半径为 350m，最大纵坡为 0.102%。G4、G5 工作井均为 35m 长。

二、该工程的监理控制重点、难点

工程开工前，根据工程特殊性及定位，项目部就已明确了以确保“西湖杯”，争创“钱江杯”及国家级奖项三杯联创的目标。项目监理部在认真研究设计文件，梳理工程施工重点、难点及关键部位，以及工程中易出现的质量通病的基础上，编制监理规划和实施细则，制定相应的管控措施和方法，从监理人员自身的廉洁从业入手，在现场采取预检、跟踪旁站、巡视、测量、见证试验等各种手段，有效地保证了工程质量。主要重点、难点工作有：

（一）在长距离的盾构掘进过程中，针对不同地层，如何控制盾构机的掘进参数、姿态，如何保证管片的成型质量、控制好管片的上浮量，如何防止盾构隧道成型后渗漏水，是监理质量控制工作

的首要工作。

（二）在空间有限，如何保证在转弯半径小（隧道内部净空 5.5m，最小平面曲线半径为 300m）的状况下，完成单根长 12m、重约 30.7t 钢管在区间运输过程的安全运输，并实现钢管对接、安装的精准控制，是该工程监理控制的关键工作。

（三）由于后期钢管通水时水压在 0.8~0.9MPa，如何在有限空间内保证钢管内、外侧的焊接质量，确保全线分区间试压一次性成功，是监理控制的主要工作。

（四）长距离盾构掘进以及在有限空间内作业，如何保证通风、排除大量焊接作业时的烟雾，是施工过程中安全监理控制的必抓工作。

针对上述问题，项目部从多方面进行入手，一方面在要求施工单位做好现场的施工质量、安全施工的同时，另一方面也和施工单位一起认真搞 QC 活动，“五小”创新，其中《黏性土层盾构施工降低隧道管片上浮量》QC 活动获得浙江省 2019 年 QC 质量二等奖，《长距离、超深埋隧道施工盾构机适应性改造》《大直径钢管有限空间运输工艺》为 2019 年杭州市职工“五小”创新成果（图 1）。

三、监理工作措施、方法

该工程隧洞施工长度长、工期紧，在有限空间内运输、安装钢管对施工要求高，长距离泵送混凝土对施工组织和管理提出很大的挑战，全线 20km 分区间一次性闭水成功更是对施工管理及钢管焊接质量提出了更高的要求。在监理工作实施过程中，重点做好了以下环节的严格管控：

图1　荣誉证书

（一）积极推进工程监理行业诚信体系建设

工程建设很多方面都涉及公共利益，监理人员在工作过程中，一方面要用公共道德约束自己，另一方面也应当监督参建各方遵守公共道德，遵纪守法，廉洁自律。

在工程建设伊始，项目总监就代表公司与建设单位签订了廉洁协议书，对监理人员廉洁自律问题进行了相应的约束和要求。在工程实施过程中，公司成立了廉政监理管理小组，从廉洁从业管控入手构建诚信自律监管机制，多措并举规范诚信检查考核工作，规范监理从业人员的职业行为。也对项目监理部监理人员廉洁诚信问题召开了专题交流，并制定了相应要求。

（二）切实落实方案审批和质量安全技术交底、严把预控关

项目监理部首先审查了施工承包单位现场项目管理机构的质量管理体系、技术管理体系和质量保证体系，符合要求后方同意施工。同时根据施工单位上报的施工方案，监理项目部也相应编制了监理细则。

科学组织，方案先行。各专项工程施工前，监理要求施工单位编制施工方案报监理审批，对于超过一定规模的危险性较大分部分项工程，督促施工单位组织专家对方案进行论证评审，确保施工安全。

（三）重点控制施工测量复核

保证项目空间位置、规格尺寸、轴线坐标准确无误是建设合格工程的基本要求，为此，项目监理部将测量复核工作作为日常监理工作尤其是初期监理工作的重点，审查施工单位测量人员资质、检查施工单位测量仪器、督促施工单位对导线控制点保护复核、落实监理复测工作。

（四）严格审查进场材料报验

优选工程试验检测单位，认真审核、评估试验检测企业资质、履约能力和专业信誉，确保试验检测结果能真实有效地反映现场施工实际情况。

实地考察供货厂家生产能力，严格审查进场材料质量，严把进场原材料、半成品、成品质量关，确保合格材料用在工程中。委派经建设单位授权的见证员按规定进行见证取样送检，合格后方能使用。

（五）严格落实旁站监理制度

在项目开工前监理项目部制定了旁站计划，明确了该工程监理应旁站点，根据需旁站的工序特点，制定了相关旁站记录表，明确了监理人员到现场旁站应记录哪些内容等。监理项目部对地下连续墙吊装、基坑开挖、主体结构混凝土浇筑、钢管试压试验、防水卷材铺设、回填土等施工进行了旁站。对于旁站过程中发现的问题及时督促施工单位进行了整改从而确保关键部位的施工质量达

到设计及规范要求。

（六）强化巡检力度与验收质量

严格执行施工报验制度，对每一道工序、分项分部工程完成后，施工单位自检合格，报监理工程师验收，经监理验收合格后才能进入下道工序施工。

在加强验收管理的同时，监理项目部注重各工序施工过程中的质量检查，以便发现问题及时整改，对于相关隐蔽工程验收，按要求留置了相关影像资料。

监理项目部按照公司规章制度要求，安排监理人员按规定对施工现场进行巡检。

对于巡检过程中发现的问题，经监理项目部汇总后，及时通知施工单位进行整改，并指派监理人员动态跟踪，直至消除质量隐患（图2）。

（七）严格施工过程管控

该工程盾构井围护结构为地下连续墙围护，墙身长度约50m，宽度1m，墙趾有效深入风化岩层深度1m。监理人员对地下连续墙成槽质量、钢筋笼加工质量进行验收，合格后才能进入下一步施工（图3、图4）。

监理单位不定期对现场使用螺栓、止水带等原材料进行尺寸及外观质量抽查。

对进入施工现场的管片，监理人员进行强度回弹检测，并对管片外观质量进行检查，合格后才能进场使用。监理单位不定期对隧道管片拼装质量检测、复测，如有较大错台时要求分析原因，控制错台量。洞门圈施工时对钢筋施工质量等进行隐蔽工程验收，控制施工质量（图5）。

钢管原材料送检合格后，场内钢管卷制监理单位验收合格后进行焊接，钢管焊接经检测单位检测合格，外防腐施工验收合格后出厂运至施工现场。

图2　日常监理巡查

图3　板钢筋检查

图4　立柱钢筋检查、验收

钢管进场之后由施工单位和监理单位对钢管直径、长度、内防腐厚度等检测，合格后进场，坡口生锈部位进行打磨，符合焊接要求后吊装下井对接，对接完成后对坡口间隙和错边量进行测量、调整，经复核符合焊接规范要求后进行焊接，在焊接前对返锈部位重新打磨处理，焊接完成后委托检测单位进行检测（图6）。

（八）建立安全生产制度及人员的落实

工程开工以来，安全文明施工监理工作以“安全第一、预防为主”为宗旨，以创建市标化、省标化为目标，从提高施工现场安全生产工作的标准化、规范化、制度化入手，加大安全生产、文明施工管理力度，督促施工单位建立健全安全生产责任制和安全生产组织保证体系，保证安全无事故目标的实现。为了加强项目的安全生产管理，公司与项目总监签订了终身责任承诺书，配备有类似监理工作经验的监理人员，设置专职安全监理工程师负责现场安全文明施工监督工作，并与每一位监理人员签订安全生产文明施工责任书。

图5　盾构错台检查

图6　监理对接间隙检查

（九）安全文明施工监理工作的控制要点

1. 督促施工单位建立和完善安全生产责任制度、管理制度、教育制度及有关安全生产的科学管理规章和安全操作规程，实行专业管理和群众管理相结合的监督管理制度。检查现场安全生产责任制的实施及落实情况。责任必须落实到人，各项分包合同必须同时签订安全生产协议书。

2. 施工人员进场前，监督施工单位落实三级教育制度，从事电工、架子工、电焊工、起重机械工、司索工等特种作业人员必须经市级以上劳动部门的培训、考试合格，取得特种作业操作证书，方可上岗作业。严禁无证人员上岗。

3. 对危险源部位，根据现场实际情况，要求施工单位编制安全施工专项方案，如临时施工用电、支模架、起重机械安装和拆除、基坑支护、消防等专项施工方案，方案内容应全面、具体。针对工程结构、施工特点、场地、气候等条件编制安全技术措施及应急预案，并组织演练，经总监审批后实施，必要时邀请专家进行论证。

4. 坚决落实施工现场安全检查制度，由总监为组长，每周实行安全检查，每月进行一次联合安全检查。主要检查内容包括施工用电、安全施工、起重吊装、安全教育等。对检查出来的问题以口头或书面形式要求施工单位及时进行整改。

四、工程管理控制成果

1. 该工程构建以廉洁诚信为基础的自律监管机制，维护了监理市场良好秩序，提升了监理服务质量，促进监理行业高质量可持续健康发展，在工程监理过程中得到了杭州市建设行政主管部门及建设单位的高度好评。

2. 工作井实体主体结构完成后监理人员组织施工单位、第三方检测单位对工程主体结构混凝土进行了实体结构回弹强度、钢筋保护层厚度、现浇结构尺寸等进行了实测，并检查了试块检测报告，结果满足设计及相关规范要求。

3. 盾构隧道贯通后由施工单位测量队进行轴线偏差测量，单位监理人员与第三方监测进行复测，测量成果满足《盾构法隧道施工及验收规范》要求。盾构隧道贯通后，项目监理部组织人员对隧道内管片直径、椭圆度及环内与环间的错台情况进行检查，均满足规范要求。

4. 隧道内钢管安装完成后，组织第三方检测单位对钢管焊缝进行了检测，检测结果均合格。所有管道检测合格后对管道进行了全线分区间一次性水压试验，试验结论为合格。

5. 管道水压试验、机电设备联动负载运行调试等各项功能检测均符合设计和规范要求，满足正常使用。

6. 该工程外观质量良好，无缺棱掉角，实测全部合格。截至工程竣工，安全文明施工正常，施工现场无任何安全事故发生。

7. 该工程各项程序符合国家工程建设基本程序要求，各项手续和文件齐全，施工严格执行建设部颁发的《工程建设强制性条文》，满足各项施工质量的规定。

医疗综合楼工程基础大体积混凝土浇筑质量控制及减少堵管风险的经验分享

杨帅龙　李　熠
河北中原工程项目管理有限公司

摘　要：大体积混凝土施工控制要点，一方面是温度控制，另一方面则是连续性浇筑。本文简述河北医科大学第四医院医疗综合楼（河北省癌症中心主楼）项目第三分区基础大体积混凝土浇筑工程，重点为大体积混凝土浇筑过程质量控制，以及为预防堵管、保证混凝土连续浇筑，监理部进行的难点分析，提出的解决方案，以及最终取得的成效，并做经验分享。

关键词：大体积混凝土浇筑；连续浇筑；预防堵管

一、工程概况和特点

（一）工程基本概况

本工程医疗综合楼地上 2 层 ~15 层、地下 1 层 ~3 层，采用筏板基础，±0.00 绝对标高为 64.90m，基础埋深 –22.60m（局部）~ –7.70m（设计要求采用天然地基）。基础厚度 900~1600mm，属于大体积混凝土和超长结构。其中第三分区基础筏板厚度 900mm，局部集水井、电梯基础底标高低于筏板底部标高（表 1）。

工程基本概况表　表1

工程名称	河北医科大学第四医院医疗综合楼（河北省癌症中心主楼）项目
建设地点	河北省石家庄市高新技术产业开发区天山大街189号
建筑面积	160500m^2
结构形式	剪力墙、框架
建设内容	其中地上建筑面积101650m^2，地下建筑面积58850m^2，包含医疗综合楼主楼（159527m^2）及液氧站（183m^2）、垃圾污水处理站（790m^2）两个附属建筑；其中医疗综合楼地上15层（裙房5层），地下3层，总建筑高度69.1m，基坑深度大面积为–20.8m、–20.7m

（二）工程特点及重难点分析

1. 工程施工特点

1）基础底标高与周边场地存在较大高差（约 20m），对施工不利。

2）因基坑周边场地限制，基础混凝土待浇筑部位与泵送设备水平距离过大。

3）基础混凝土浇筑方量大，一次连续浇筑方量约为 3000m^3。

4）本项目位于石家庄市区内部，存在早晚高峰期混凝土不能连续供应情况。

5）本项目钢筋体量大，密度高，施工难度较大。

2. 重难点分析

1）受场地限制原因，混凝土只能采用地泵浇筑。基础底标高与周边场地存在较大高差，基础混凝土浇筑时，入料口与出料口高差较大，竖向泵送料过程中混凝土自由下落，骨料与砂浆下落速度不同易造成泵管堵塞现象，同时容易造成混凝土和易性受损。

2）待浇筑部位与泵送设备水平距离过长，由于混凝土在泵管内运输距离长，混凝土与泵管摩擦生热导致混凝土内水分含量降低，坍落度变小易造成泵管堵塞现象。一旦堵管，造成混凝土分层浇筑，超过初凝时间，将被迫留置施工缝，导致整体实施进度受阻。

3）材料需求量大，基础浇筑所需的混凝土方量大，搅拌站必须储备不少于分区方量的 1.2 倍材料，且供应能力不低于单位时间所需量的 1.2 倍，若供应能力不足将严重影响正常浇筑作业。

4）项目所在地位于石家庄市区，早晚高峰期混凝土不能连续供应，需提前考虑这两个时段内的断供风险，做好预防措施。

5）基础钢筋体量较大、密度高，同时避雷、水电预埋等工序交叉衔接较多，浇筑过程难度较大。

6）混凝土浇筑体量大，平面尺寸大，约束作用所产生的温度力也大，水泥水化热释放比较集中，如采取的控温措施不当，易出现内外温差大的现象，导致混凝土产生温度裂缝。

7）现场控温的监测，如入模温度、表里温度测定的实时性、可靠性需有明确的保证措施，各方指挥部署及监督等分工明确，否则数据失真容易造成质量风险。

二、监理措施

（一）组织措施

1. 为保证混凝土连续浇筑及浇筑质量，施工前组织召开专题会议，制定专项施工方案，除明确大体积混凝土浇筑过程中的施工技术指标外，对施工过程中可能出现的风险，制定专项措施及应急预案，以保证施工顺利进行。

2. 要求总包单位对作业班组进行专业培训，并应逐级进行技术交底，同时应建立严格的岗位责任制和交接班制度。

3. 要求总包单位现场的供水、供电应满足混凝土连续施工的需要，当有断电可能时，应有双路供电或自备电源等措施。本项目根据实际需求配备 X–250kW 柴油发电机 1 台，经核查工况良好，突发断电时可满足使用需求。

4. 提前会同建设、施工单位对混凝土搅拌站考察，确保有充足的混凝土储备，另外确认备用应急搅拌站 1 个，以备突发情况之需。

5. 项目监理部成员分为 3 组，实行 8 小时交接班制度，确保全过程旁站监控，每班保证至少 2 名土建监理工程师，监理部全员保证 24 小时手机联络畅通。

6. 为防止因早晚高峰混凝土运输车辆限行政策导致的混凝土不能连续浇筑，要求商混站安排驻场人员协调混凝土调度，提前在施工现场准备多辆待浇筑罐车，并适当调整混凝土坍落度，以满足等待时间。

（二）技术措施

1. 施工前要求总包单位对混凝土浇筑体的温度、温度应力及收缩应力进行试算，并对计算结果进行审核，确定混凝土浇筑体的温升峰值，里表温差及降温速率的控制指标。经计算本区域混凝土温升峰值不超过 50℃，采用斜面分层推进法施工，充分利用浇筑面散热，不必采用冷却管降温。

2. 浇筑前对大体积混凝土的模板和支架、钢筋工程、预埋管件等工作进行验收，尤其对配置控制温度和收缩的构造钢筋是否满足要求进行检查。

3. 要求总包单位在浇筑混凝土前对混凝土浇筑设备进行全面的检修和试运转，保证其性能和数量满足大体积混凝土连续浇筑的需求。

4. 为防止混凝土体量大，水泥水化热释放集中，出现混凝土内外温差大，导致混凝土产生温度裂缝的情况，要求在混凝土浇筑部位设置测温点，采用电子测温仪配合预埋测温导线，观察记录混凝土内外温度。混凝土浇捣前测出大气温度及入模混凝土温度并做好记录，入模温度在 5 ~ 30℃即为合格。为保证数据可靠性，入模温度需监理与总包双方人员共同确认方可实施，每台班测量不少于 4 次。

5. 为保证混凝土浇筑的连续性，要求现场布置 2 套混凝土泵送设备及线路，因现场场地原因，第二套备用泵送管道采用异型布置。

6. 为防止因水平泵管距离过长，混凝土浇筑存在堵管隐患，提前采用润管剂浸润泵管以保障泵管通畅。

7. 提前计划安排施工缝位置，同时注意施工流水段长度不宜超过 30m，防止因混凝土不能连续浇筑，导致混凝土出现冷缝的情况，保证混凝土施工质量。

8. 为防止因水平泵送距离过长时混凝土与泵管摩擦过热，导致入模温度过高的情况，要求将泵送设备前移，尽量缩短水平泵管距离，并在泵管上包裹棉毡并持续对棉毡进行洒水浸湿以降低泵管温度，减少混凝土内水分流失。

9. 为防止因高度落差大泵送过程中混凝土自由下落，骨料与砂浆下落速度不同导致的泵管堵塞现象，采用上、下两层接力的方式（中间设溜管）泵送混凝土。

10. 因混凝土浇筑方量大，水化热现象集中释放，要求选择当日气温最低时段进行关键部位混凝土浇筑。

11. 在大体积混凝土浇筑过程中，应采取措施防止受力钢筋、定位筋、预埋件等移位和变形，要求施工单位设专人不断检查支架、钢筋、预埋件等是否稳固，如有发现松动或位移变形等情况，第一时间进行处理。浇筑过程中应及时清除混凝土表面泌水，浇筑完成后应及时对大体积混凝土浇筑面进行多次抹压处理。

12. 要求总包单位实时测量入料口与出料口混凝土坍落度，监理旁站人员随时跟踪抽查，坍落度不宜大于 180mm，随时与商混站联系，根据现场实际情况调整混凝土坍落度。

三、取得的成效

经过三方共同努力，甲方提前协调搅拌站，保证运输车辆及混凝土原材充足。

监理部提前指出施工难点及注意事项并召开专题会议、现场会议，商讨制定解决方案。施工单位提前对人员、机械、设备进行准备，浇筑依照经审批的施工方案实施，最终历时 6 天，累计浇筑 2852m^3，保质保量完成第三分区基础混凝土浇筑施工。

浅谈项目精细化管理
——暨河南襄城 4GW 高晶硅电池片项目监理工作纪实

宋元征
山东智诚建设项目管理有限公司

摘　要：在当前监理行业转型升级阶段，监理公司如何获得业主认可，打下良好的长期合作基础，是很多监理公司共同课题，山东智诚建设项目管理有限公司监理人员在河南襄城4GW高晶硅电池片项目监理服务过程中，树立为业主提供一流服务的理念，提高服务水平，通过项目精细化管理，对项目进行全方位把控，充分发挥出监理在项目建设中的重要作用，最终获得建设、使用单位的肯定及好评。

关键词：监理；精细化；管理

一、项目概况

河南襄城年产 4GW 高效单晶硅电池片（二期）项目，包含配套建设水、电、通信、空调、消防、道路等设施系统。主要建筑物有（建筑面积 40232m^2）、116 号动力厂房、117 号酸碱库、122 号制氮站、123 号氨气站、119 号垃圾站、120 号废品库、污水处理站等。项目重点 101 号厂房为洁净厂房，项目各类介质管道复杂交错，施工技术及质量要求高，空间受限且施工难度较大。但经过各单位不懈努力，该项目于 2020 年 8 月 18 日顺利投产运营，各项技术及生产指标达到设计及环保要求。

二、做好“三控两管一协调”工作，赢得业主认可与好评

（一）项目建设是否能达标，做好“三控”最重要

1. 质量控制

建设工程质量是否满足设计及使用要求，首当其冲的就是进场各种材料、设备及构配件质量的优劣，这是工程质量的关键。项目监理部各成员联合使用单位项目部技术人员，对所有进场材料及设备的相关资料进行严格要求与检查，包括材料的生产厂家的营业执照、资质证明、相应强制性证明文件、合格证、出厂检验、第三方型式检验报告、设备的出厂及使用说明书、压力容器的特种设备制造证明及相应备案证明等，所有资料要求加盖相关厂家公章的原件（不允许使用扫描件），并根据规范及使用单位有关要求，对重要原材进行现场见证取样送检，并获得第三方委托试验报告。尤其对本工程使用较多的不锈钢材料进行全型号取样送检，进行化学分析，确保所有不锈钢材料全部达到设计要求。质量控制过程中发现了多批次达不到设计、规范要求或者复试不合格的材料，监理部均做好标记，顶住压力，将这些材料全部进行退场处理。

监理部人员认真地审核图纸，对于图纸的错、漏、碰、缺、含糊不清等问题，在图纸会审时向设计提出。同时不定期召开技术专题会，针对图纸上存在

的问题及时与各相关方沟通，所有产生问题以及答复，均进行书面落实，在施工之前加以解决，多次避免返工或较大整改情况的发生。

监理部对各施工单位上报的施工组织设计及专项施工方案认真审核，针对内容不全或技术控制要求不完善的，向相关施工单位书面反馈，并要求限时补充上报，方案通过后严格按方案内容进行落实现场各项措施。不符合方案的施工措施，及时通知施工单位整改或下达监理通知进行督促，施工单位不整改或不听指令的，报告业主并下达工程暂停令（图 1）。

对工程的测量、定位放线，监理部要求施工现场使用的测量工具必须经第三方检测部门检测合格，并有检测报告，施工单位专职测量员持证上岗。专业监理工程师对测量、放线成果进行现场实地复核，确保无差错（图 2）。

严格现场各工序验收，施工过程中的质量控制，以动态控制为主、事前预防为辅的管理方法，重点抓好事前指导、事中检查、事后验收三个环节，做好提前预控，从预控角度主动发现问题，对重点部位、关键工序进行动态控制，抓重点部位的质量控制，对工程施工做到全过程、全方位的质量监控，从而有效地实现工程项目施工的全面质量控制。

在主要分项、分部或主要工序施工前监理部按不同工序、不同部位，根据施工难易程度分阶段提前进行专项监理交底，包括质量的各项注意事项。真正做到层层深入现场，严把现场质量关，为工程质量满足要求保驾护航。

2. 进度控制

本工程准备阶段，监理部即要求施工单位按照建设单位的进度要求及合同工期编制切实可行的工程总进度计划，在工程的建设过程中要求施工单位编制月、周进度计划，同时监理部人员严格督促、检查进度计划的落实情况。在工程施工中，由于疫情对人员、材料供应等影响，导致施工进度一度滞后，监理部要求施工单位根据现场实际情况进行调整，并建议进一步编制符合总进度要求的设备材料进场计划、人员组织进场计划、需求计划、资金需求计划等，并在每日下午组织各施工单位召开进度协调会，不定期召开进度专题会议，同时政府部门领导也多次召开进度推进会议。监理部就改善进度提出多项建议，如建议约谈各施工单位总公司主管领导，针对目标节点要求各单位做出人员、材料、机械等投入的书面承诺，并制定考核约定，建议建设单位制定奖惩机制，针对施工单位承诺的落实情况进行考核，建议针对大宗设备招标时，与中标单位签订合同要明确对到货时间的要求及延期到货的罚则，以督促设备按时到货。同时监理部坚持每日进行现场施工人员统计并在工作群内进行通报，以便各参建单位领导及时了解现场施工动态，取得进度控制的明显效果。

图1 见证取样

图2 不锈钢材料光谱分析

3. 造价控制

严格按照合同条款和现场实际施工内容进行款项批复，并要求各施工单位按合同内容提供相应支持性文件，对于施工单位不合理的签证要求一律不予办理。现场发生签证计量时，监理部应制定“现场签证管理办法”。监理必须至少两人同时参加，建设单位现场代表也应在现场及时参与签证办理，要求施工单位办理签证计量时要及早准备（如原始地貌、土石方施工前后标高抄测、返工内容施工前后工程量测量等），做好现场实测记录并拍摄好施工前后图片资料，原始记录要求所有参与人员签字确认。签证要在规定时间内及时办理、及时核实、及时签认，如有延误，不予补签。施工单位现场存在质量问题未整改或未整改到位、施工资料未及时上报、未按既定目标完成进度计划，以及合同中存在的内容而现场实际取消施工的，监理工程师在拨付施工单位工程款时扣除此项费用。另外，监理部根据多年钢材市场经验，建议采购单位 11 月份以较低价格采购一批钢材，为工程节省了较大一笔开支。

（二）项目建设是否能顺利，“两管”工作要做细

1. 信息、合同管理

信息管理就是在工程建设中，监理信息的收集、加工整理、储存、传递和应用等一系列工作。在本项目中，监理部不仅对施工资料及工程施工中的各种信息进行采集、整编和管理，及时向建

设单位反馈，同时做到监理日志和大事记完整、闭合，更注重痕迹管理，下发监理通知时，内容写明问题发生的部位、原因、违反相应规范的名称及条款、可能产生的后果、对相关单位的整改要求等。监理人员在工作中注意留存重点部位、重要事件的影像资料，做好监理记录，建立独立文件夹，对各文件夹进行编号，附带说明文本，写清事件简述、下发监理文件的编号、结果如何、各单位的意见等，图片要进行事件、拍摄人员标注。尤其现场工程计量、存在较大安全及质量隐患等大事件，注意痕迹保存，以便日后查询。

工程合同是签约双方共同执行的法律文件。监理部要求现场所有监理工程师熟悉参建各方合同条款，因合同中对现场安全、质量、进度管理方面均有明确要求，监理可依据合同开展工作。现场施工有变更内容时及时提醒合同双方形成合同效率的书面变更补充文件（要由法人代表签字、盖章），以免产生合同纠纷。为加强现场管理，监理部进驻工程现场后，多次提醒建设单位在合同签订方面要重点注意相关条款，尤其是安全、进度及质量方面的罚则要清晰。施工阶段时，业主应要求参建人员与投标上报时的人员一致，如合同期满因施工单位原因未完成项目要标明损失赔偿。

2. 安全管理

作为现场施工管理工作的重中之重，监理部要求监理人员必须将施工安全工作放在首位，因为一旦工程上出现安全事故，不仅对工程本身影响极大，同时对自己的职业生涯和公司的名誉造成影响，并且对各方家庭造成极大伤害。正所谓“安全无小事”，为避免建设单位追求进度，忽视现场安全工作，或者承包单位安全措施投入意愿不强，部分管理人员责任心不强，以及施工现场各施工人员素质参差不齐情况，监理部要求监理人员以实际出发，时刻掌控现场工序，找出每道工序安全工作的关键，重点进行把控，日常工作中坚持做到“五勤”，即“腿勤”，坚持现场巡视、安全检查，掌握施工过程安全情况；“眼勤”，对重点部位坚持旁站，多看有关安全的规范、案例、新闻等，针对现场查看是否防护到位，防止出现事故；“手勤”，资料及时整理，处理问题要有书面记录，针对危险性较大的分部分项工程，施工前必须严格按照国家法律法规及规范规定要求施工单位上报专项方案，如需专家论证要及时获取专家意见，方案不通过的坚决不允许施工，如果违反要及时下达书面通知，并要请建设单位代表同时在通知上表明意见，共同约束施工单位，而在施工完成和拆除前，必须严格要求施工单位上报自检自查表，内容要符合现场实际，并有项目部各级人员如专职安全员、项目技术负责人、项目经理签字。管理工作要到位：①“嘴勤”，多沟通、勤交流、常交底，监理人员在现场工作，不能摆出高姿态对待施工单位人员，发现问题要耐心交流，表明存在问题的利害关系和可能导致的严重后果，提高各参建人员的安全意识，以求将安全隐患消除在萌芽中。②“脑勤”，出主意、想措施、解难题。在每月月中、月末组织各参建单位进行安全大检查，确保现场施工安全有序进行。

（三）做好“工作协调”是项目健康发展的重要因素

项目伊始，监理部高度重视加强同建设单位、使用单位的协调与联系工作，建立了畅通的联系渠道，为工程的顺利推进打下基础。根据工程进程，监理部每周二召开监理例会，每周一、三、五组织各参建单位召开工程协调会议，对影响工程进度的问题及时协调各相关单位解答、落实，并督促相关方出具书面文件，对工程质量及安全提出严格要求，会后监理部形成书面会议纪要并下发各单位签收，做到现场工作透明。

三、加强监理部内部管理

监理部坚持每日晨会制度，要求每位监理人员总结前一天工作情况，陈述当天的工作计划，对各监理人员工作进行点评，以便加强内部交流及信息共享，包括各专业之间的衔接与配合、项目整体进展情况，并对项目存在的设计及施工等问题召集监理部成员共同分析原因、协商解决办法。监理部内部重视年轻员工培养，组织年轻员工的工作、学习交流，重点培养年轻员工识图能力，要求年轻员工查阅图纸后要对图纸内容进行陈述，指导年轻员工现场把控的重点、需注意的细节等。要求各监理人员在掌握本职专业的基础上，还要拓展业务技能，以便成为多方面发展的综合型人才。

结语

项目的精细化管理虽然让监理部付出了大量劳动和汗水，但也取得了骄人的成绩，获得了业主及主管部门对监理工作的高度评价。监理部及人员获得了现场监督管理优秀单位、优秀合作伙伴、现场管理优秀负责人等多项荣誉，宋元征同志更荣获2020年河南省重点工程建设立功竞赛先进个人称号，为山东智诚争得了荣誉，打下了良好的口碑。

市政道路提升改造应急工程项目管理经验总结

李平毓
西安高新建设监理有限责任公司

摘　要：本文以城市更新过程中的市政道路应急改造工程项目为例，对项目前期策划、过程管理与过程控制成效进行阐述，分享了在项目实施中工程监理企业与项目监理机构的管理经验，以期为同类项目的组织管理、质量安全控制等工作提供参考。

关键词：城市更新；市政应急工程；工程监理；经验教训

一、项目背景

2021 年 2 月初，建设单位决定利用春节放假时段，对西安某已建成并投入使用了十数年的主干道进行提升改造，改造范围包括道路拓宽提升、照明改造、交通附属更新、人行道翻新等。该路段处于繁华地段，日常行人、车流量大，道路两边是集中的居民区和商业区，同时，该工程又是 2021 年 9 月 15 日召开的第十四届全国运动会的火炬传递主路线之一。对施工过程的施工质量、进度、安全、扬尘治理、噪声控制和交通导改的要求极为严格。该工程 2021 年 2 月 5 日开工，4 月 1 日基本完工开放，计划投入监理人员 30 人，施工时间正值春节假期，对项目监理部的组建带来诸多困难。为确保项目能够按计划实施，在开工前立即进行了筹划，从前期准备、组织管理、资源保障、技术保障等方面着手，落实管理计划，保障了项目的顺利完成。

二、内部组织与管理

（一）组织机构建立与运行

该项目虽然是市政工程，同时还涉及排水、钢筋混凝土、照明、智能监控等多个专业，加之该工程工程量大、安全隐患点多、技术质量要求高，且由于工期短、任务重，施工现场 24 小时进行连续作业，需要监理人员跟班作业实行白班、夜班两班制，监理部的人员配备需满足白班和夜班的人数要求及专业合理才是监理工作顺利实施的基础。考虑到应对员工个人的突发情况，同时应配备少量的机动人员。每班组配备的人员数量不但要满足作业现场需要，还得考虑配置监理人员的专业情况，尽量按专业合理配置，并保证一定区段内有市政专业经验丰富的监理人员，方便专业问题的及时处理。

公司对可抽调员工进行梳理，选择管理经验丰富、责任心强的资深总监作为项目负责人，在项目负责人之下按照施工工区划分设立组长，方便与建设单位和施工单位的具体工作进行对接，选择技术过硬的中青年员工作为技术骨干。考虑到造价工作需要，配备造价工程师 2 名。因多个市政项目春节期间不停工，公司在全员范围内开展动员，做到在春节前全员到位，保证项目监理工作的顺利开展。

由于是临时组建的项目部，所有员工都是抽调形成，人员的年龄、专业、综合素质参差不齐，在抽调人员时重点考虑了与开展该项目监理工作较匹配的人员。在人员使用过程中，总监根据每位员工的特点合理安排到相应的工作岗位，尽量做到人尽其才、事半功倍。市政专业技术骨干协同项目部负责人对项目技术要点进行系统梳理，制定预控措施，向全体监理人员进行交底，缩短非对应专业人员的适应期。因时间紧，对交底按施工顺序分阶段实施的过程中有变化的及时通过微信工作群告知。

（二）物资保障

由公司统一设置物资保障人员，对质量控制仪器设备、安全防护用品、衣食住行进行调配安排。由于春节期间施工现场附近的酒店、饭馆基本处于关闭状态，可供选择的酒店和饭店数量有限。就近选取了两家性价比较高的酒店供员工休息、办公用，为夜班员工准备食品，提供饮用热水。配备两辆面包车，方便现场巡视、物资配送。

为了项目监理工作的顺利开展，除了配备充足的劳动保护用品外，还调配了两套包括水准仪、全站仪、环刀、灌砂筒、灰剂量测定仪、靠尺等在内的试验检测工具，并为夜班员工购置手电筒、防护服等物资用于开展夜间工作。

（三）技术保障

以公司技术研发部牵头，协调多名市政工程专家，组建技术保障团队。主要结合现场实际情况，对施工方案的审核、设计方案会审、监理技术文件的编制、技术资料的收集、交底文件的编制、现场技术问题的研判等提供技术支持。

三、过程管理

（一）内部管理

首先，由于该项目施工距离比较长、监理人员所管辖施工作业面相对比较分散，加之监理人员实行两班倒的工作制，无法进行集中的面对面的信息传递。因此，项目部以施工工区为单位，建立了监理微信群，将所有参与监理工作的员工全部加入，使每位员工能够及时准确地接收所有信息，不会因信息的不通畅造成工作上的失误。其次，定于每日下午 4 点召集所有在岗人员回驻地进行工作汇报（施工进度、质量、安全等问题）及安排第二天的班次。在班次安排方面必须将人员合理配备到位，白班与夜班的人员数量及专业配备情况必须满足监理工作的正常开展。再次，监理部收到的各类文件、通知（公司文件、建设单位文件、设计文件等）会立即通过微信群进行转发并要求员工收到后回复，从而进一步确保了信息流通的及时性和准确性。最后，为了防止因员工不可避免的病 / 事假、员工所在的原项目工作处理等情况影响项目正常监理工作的开展，负责人及时了解员工动态，尽可能提前预估各类情况，向公司提前汇报人员需求，便于准备。同时，与员工充分沟通，减少非必要的请假。

项目前期监理部日、夜两班人员经常不能碰面，工作无法交接，只能由到岗人员现场巡视检查，导致部分遗留问题无法第一时间责令施工单位整改处理，部分问题督促不到位。问题出现后，项目部立即调整换班时间，两班之间重叠半个小时，便于工作交接。

监理例会召开。前期由于工期太紧，一进场就 24 小时不间断施工，监理部人员全部 24 小时在现场巡视旁站，没时间也没精力组织监理例会，导致参建各方沟通不畅，现场部分问题重复出现、重复整改。后期将监理例会改到现场召开，少了形式，多了实效。

加强内部培训、交底工作。由于监理部由市政和房建人员共同组建，房建专业部分同事对于市政工程各道工序及施工质量控制要点掌握不全，在现场遇到问题不能立即履行监理职责、下发监理指令，需与市政专业人员沟通后再处理相关问题，现场问题不能第一时间解决。监理部在施工阶段负责各道工序前的内部交底、培训工作，但此项工作由于工期太紧及监理人员现场 24 小时巡视旁站无法有效开展，导致前期工作开展较为困难。因此，项目前期应由项目技术骨干熟悉设计方案，梳理技术要点，制定控制措施，进行内部交底和培训，并在日常工作中及时提醒。

（二）进度控制

进度控制是该项目的重点控制内容，监理部制定了由负责人与建设单位和施工单位各层级每日对接沟通协调、现场监理人员每日核查汇报反馈的循环机制，便于进度问题的快速调整。主要从进度计划的审核、施工资源的投入、设计方案的快速确定几个方面进行审核、督促和协调。

项目进行到中期，多家单位平行施工，通信、热力、绿化等多家单位进场，现场管理较为混乱，且不在本工程范围内，施工场地与改造提升项目场地重合，均在红线内，导致道路施工单位刚完成的工程即被污染破坏。这其中施工单位未做好成品保护也有一定的责任，但统筹单位管理混乱为主要原因。监理部多次与建设单位及施工单位沟通，协调各参建单位平行施工标段对以完工程成品保护，取得了一定的效果。

（三）质量控制

由于本项目是第十四届全国运动会的主要路段之一，不但对施工质量要求高，对观感质量和细节美化也有较高的要求。故此，在质量方面监理部按设计图纸及施工规范严把质量关，在舒适度和美感方面与建设单位及设计单位多沟通交流，集思广益，最大化地提供合理化建议，确保工程最终能达到理想的效果。该项目主要包含道路路面翻新改造、人行道改造、非机动车道改造、交通设施改造、照明工程改造。在质量控制工作方面有以下重点控制内容：机动车道的材料质量、新老结构层的搭接、面层和结构层的厚度及平整度；大悬臂路灯基础的尺寸和钢筋安装质量；透水混凝土路面的碎石颜色和粒径、盲管布设、“两布一膜”质量、伸缩缝处理、路缘石靠背、顺直度、石材色差等。

因工期进度要求较严，监理部人员开展工作极为困难。总包单位认为建设单位要求赶工期、赶进度会放松质量要求，故而在施工过程中放松对质量的把控，监理部人员在日常巡视旁站中发现问题，下发监理指令，施工单位不重视，下发监理通知单不回复，现场问题不及时整改，隐蔽工程不报检，导致前期监理工作开展极为困难，后经总监多次与建设单位沟通，监理部人员同建设单位代表坚持24小时巡视工地，发现一处、整改一处，才慢慢有所改观，建设单位、监理单位、施工单位多次开展质量专题会议，明确严格把控质量要求，施工单位的质量意识才有所提高。

应急工程属于边施工、边出图，不仅图纸下发延误、变更频繁，还先后收到多套图纸，且内容不一致，其中部分工序已按原设计开始施工后新图纸又重新下发，造成返工，导致工期延误。中后期，各方及时沟通，预判问题，提前确定方案，减少了此类问题。

项目存在总包单位管理不规范，分包单位野蛮施工的问题。如照明分包单施工过程中，预埋路灯穿线管沟槽不浇筑混凝土垫层，用原状土替代中粗砂回填，路灯基础钢筋笼缺少箍筋等问题反复出现，监理部多次责令总包单位整改并下发监理通知单，分包单位依然我行我素，野蛮施工，最终，监理部人员现场挡停施工队伍，通宵旁站责令分包队伍整改，局面才有所改观。

由于项目的监理人员在岗情况不稳定，经常出现人员更换现象，而且每位监理人员的专业能力和工作经验差异非常大，为确保监理服务水平，在监理过程中监理部加大了技术管理力度，在各工序施工前会逐一地梳理出该工序图纸设计的内容和现场需要控制的关键点，并形成电子版文件，在每日早上发至监理方的微信群，提醒并指导当班的监理员每日监理的内容及各工序的控制要点。

（四）安全管理是本项目控制的难点

由于本项目处于交通要道，不具备全面封闭施工的条件，只能在交通部门同意的情况下才能进行局部封闭施工，这样的施工条件会造成极大的安全隐患。原本就繁忙的路段在处于半封闭的状态下很容易发生交通事故，处于半封闭状态，也会造成行人绕行时，若有行人不愿意绕行就会发生穿越施工区域的现象，从而造成一定的安全隐患。此外，路灯安装高空作业，雨、污水井清理有限空间作业过程也存在较大安全隐患，所以必须提前做好安全隐患防范措施。项目部安排专职安全监理人员每日进行全场巡视，安全问题及时在微信群中进行反馈，同时督促整改。

该项目处于西安市繁华地带，为城市主干道，周边学校接送学生车辆较多，平日车流量、人流量较大，前期施工围挡封闭不完全，行人私自拆除围挡进入施工区域；浇筑好的沟槽混凝土无围挡防护，导致行人踩入；路灯拆除及吊装施工作业面分散；施工单位现场配置安全员数量不足，存在安全隐患；路面沥青混凝土施工道路封闭导行人员配置不足，导行方案不合理造成道路拥堵。监理部人员早晨6:00–7:30亲自在道路主要十字口疏导交通，旁站沥青摊铺作业，夜班监理人员通宵站在各个路口分流车辆。在监理部人员风雨无阻亲自上阵，施工单位安全意识也慢慢有所提高。

（五）现场的扬尘治理控制

由于该项目属于改造项目，有大量的拆除作业，在拆除过程中必然会产生大量的扬尘和建筑垃圾，需要提前规划好拆除时间、建筑垃圾的运输量及运输路线，拆除作业前洒水车、雾炮机的配置数量也必须满足作业规模。

（六）各方沟通协调

本项目属于应急项目并且现场条件复杂，多数部位图纸无法设计具体做法，为确保施工进度，需要施工单位、监理单位的相关责任人具有一定的前瞻性，对明确具体做法的部位提前与建设及设计单位沟通、交流，必要时与附近小区、商铺、地铁管理、市政管理、交通管理等单位进行沟通协商，才能最终确定。同时监理还需要参与各区段施工计划的统一协调，如道路导改、材料的调配等。

（七）造价管理

当有签证变更需要发生时，造价工程师立即对造价进行评估，给建设单位提供可靠参考数据。因改造工程不确定因素较多，过程中针对现场进行“一表一单一图”进行管理，“一表”是指台账、“一单”是指草签单、“一图”是现场照片，便于造价资料的规范管理。

四、几点建议

1. 为克服工期紧的问题，项目前期

统筹安排工作必须到位，人员、仪器、办公场所配置必须满足现场工作需要。由于临时项目需要大量人员，人员水平难免有差距，监理部必须及时进行各道工序的交底及培训工作。

2.尽早建立与参建单位各方的沟通机制，监理部人员应多与参建单位现场人员沟通，明确各级人员岗位及职责，现场责任落实到人。

3.监理部人员合理分工及排班，每个施工区段安排专人值守，人员调动、调休、交接班必须进行工作交接。交接前，上一班对施工内容、质量安全等问题进行书面记录，以免出现工作漏洞，使管理方质疑监理的工作能力和成效，造成负面影响。

4.端正思想，站在工程的角度考虑和处理问题。必须拒绝建设单位在现场的不合理指令，并提供合理建议。对施工单位从严管理，及时下发监理指令，及时与建设单位沟通采取各种合理手段坚决要求整改，防止监理效力的丧失，以致管理力量的更大投入。通过严谨的工作态度提高监理在项目中的话语权。

5.做好内部沟通，定期召开碰头会，对近期的工作进行小结，明确问题及管控措施，强调内部责任分工，明确下一步的工作安排，保证内部工作有序开展。

6.严格审核分包单位资质，把控施工质量，对拒不整改的分包单位及劳务队坚决要求总包单位清理出场，以免给工程质量、进度造成不可挽回的损失。严格要求施工单位及时上报各类资料，施工组织、方案、合同、清单等，把控施工质量及工程造价。

7.安排技术过硬的人员研究设计图纸，对设计变更要及时与建设、设计、施工方的技术管理人员讨论，明确设计意图，根据每日施工计划提出质量控制要点，以免造成返工。

8.针对多家单位平行施工且多家监理单位的情况，应及时与建设单位、施工单位沟通，尽量确定各家施工顺序，有条件的进行书面的工作移交。同时，要求各标段施工单位做好自身的成品保护，避免其他施工单位对本标段内工程造成损坏，造成工期和质量的损失。

工程监理BIM技术应用方法分析

摘　要：为了进一步提升我国现代建筑工程建设的效率与质量水平，对建筑项目建造工作实施精细化管理，施工方与企业管理者必须主动使用BIM技术，强化针对工程建造活动的各个环节的监管与控制，逐步完善工程监理体系，引入较为先进的项目安全周期理论，采取较为适宜的安全管理措施，缩减建筑项目所消耗的施工成本。本文主要分析了BIM技术的基本特性，并指出了运用BIM技术构建的工程监理体系的基本运作流程，总结了BIM技术在现代建筑项目工程监理工作中的全新应用路径。

关键词：BIM；工程监理；应用路径研究

前言

为了控制工程监理工作的成本，为建筑行业提供更为优质的监理服务，建筑行业从业者可根据实际情况选用具备先进性、便捷性等基本属性的建筑信息模型技术，如BIM技术，通过运用此类技术，可促进可视化数据管理体系的形成与发展，突出建筑工作的协调性与施工图纸、建筑计划的可见性，为建筑项目管理者提供及时、全面、统一的数据信息，进而协调参与施工的不同社会行为主体之间的关系，进一步提升工程管理与监督工作的实际效率。施工方可逐步推广BIM技术的广泛应用，调控施工活动的各个环节所蕴含的风险，在计算机上搭建与施工现场具体情况相符合的数字化可视模型，以此高效率地解决相关技术问题。

一、BIM的基本特性研究

BIM技术可被概括为依靠数字化建筑模型，搜集并汇聚来自建筑项目不同领域的相关信息与数据，搭建内容丰富、格式统一的可视化建筑模型的先进技术。这一技术的逐步普及应用能够促使施工方调整工程监理机制，对建筑项目实施规范化、标准化、集约化管理，全面整合可利用的相关工程数据信息，数据搜集范围主要涵盖从项目设计与招标工作，到最后阶段建筑投入运营使用的一系列施工环节，施工方通过搜集以上环节的工程数据，可逐步建立精确、全面的数字化模型，尽可能地提升工程建立工作的实际效率与完成相关监理任务的速度，推动我国建筑行业的数字化、智能化、自动化发展进程。施工方应当将这一先进技术的独特优势与基本功能和工程建造不同环节的工程监理活动进行融合，扩大BIM技术的具体应用范围，延长建筑的使用寿命与维护保养周期，做好针对施工进度、用工效率、施工质量等不同因素的动态追踪与数据搜集工作。根据实际情况总结BIM技术基本特点如下：

（一）信息化

通过在施工计划制定环节使用BIM技术，可提升项目负责人对施工计划中各个要素的理解与把握程度，让参与施工工作的各方市场经营主体均可接入数据网络，查询与建筑建造计划有关的信息，促进建筑项目信息的高速流通与高效率应用。在施工过程中，工程监理人员可随时使用移动通信设备查询数据库中记录的建筑模型与相关建造计划，将计划中的标准化数据指标与在施工现场测量得到的数据进行对比，考查施工质量、已建成建筑的安全性等关键性要素是否达到行业主流标准，及时发现施工过程中潜藏的问题与无法控制的安全风险，以此全面提升施工效率，缩短项目监管人员处理不断产生的工程信息的时间，强化施工监理人员的信息处理能力与分类效率，发挥BIM技术所具备的先进信息化优势，解决难以克服的项目信息处理问题[1]。

（二）可视化

施工人员可借助BIM技术对描绘不同阶段建筑项目建造活动的施工图纸进行数字化处理，通过调整基本参数构建三维层面的立体结构图，让施工人员与监管部门工作人员能够清楚、明确地发现施工图纸中建筑的核心结构，在计算机上使用BIM技术对计划建造的建筑物进行高精度模拟，经过各方协商后逐步优化施工计划与建造方案，修改施工图纸，工程监理人员可根据项目管理者的要求重新制作建筑计划的数字化模型，满足现代建筑项目对施工精度、建造计划可行性的基本要求，间接性地提升建筑施工决策的科学性、正确性[2]。

（三）模拟性

BIM技术可在现代建筑项目工程监理工作中发挥模拟突发性情况、检验施工计划正确性的作用，施工人员可使用计算机对可能发生的意外情况进行模拟，并分析建筑物是否能够在极端情况下发挥基本功能，BIM技术可被用于在电脑上模拟火灾等突发性灾害情况下的紧急疏散行动，监管部门可基于此类数字化模拟演练评估建筑的质量与安全性，结合施工现场的具体情况调整建造计划，完善施工方案，促进不同专业、不同部门的协调工作，利用在建筑建造过程中搜集到的各类数据信息，修正数字化建筑模型，并定期模拟特殊情况，达到考查施工质量与建筑安全性的基本监理目标，让工程监理工作获得充分的信息资源支持[3]。

二、BIM技术在工程监理工作中的基本流程研究

在建筑工程投入施工之前，工程监理部门应当针对可能发生的突发情况进行模型演练，并预测建筑建造过程中可能遭遇的问题，根据模拟演练所获得的数据与信息，修改设计方案，提升施工工作的精度与速度，制定预防突发性情况的应急处理方法，采取有效的防护措施。施工人员应当根据业主所提出的质量要求，利用BIM技术制作立体化的3D建筑模型，让建筑计划设计机构中不同岗位上的专业人员进行合作，完成建筑模型设计工作，对建造计划中潜藏的环境要素进行深入分析，把握噪声、早晚温差变化等因素对人居环境的影响，面向客户展示建筑建造计划的三维立体图像，进一步优化具体的建造方案，在计算机上模拟住户的阶段性能源消耗量，并根据追踪项目建造情况变化所搜集到的信息调整模型设计，对设计方案进行深度核查，在预定时间内面向监管部门移交数据模型检测报告[4]。

BIM技术必须应用于施工场地的精细化管理与综合性监管工作之中，核验、检查不同岗位上的工作人员在各个施工环节中的表现，分析并探究实际施工质量与建造计划中的质量要求之间的差距，在政府监管机构的协助与指导下，适当地优化具体的工程项目，突破传统工作模式的限制，突出重点建造项目的优先性，实现有所侧重的高质量工程监理，根据具体情况调整施工工序，在进度监管活动中发现不同施工环节与建造工艺可能发生的资源利用冲突问题，主动优化资源配置，缩短施工工期。

工程监理人员应当制作能够展现不同时间段内施工情况的明细表，记录具备一定应用价值、有借鉴意义的工程信息，将设计方案的变更指标详细录入数字化模型之中，根据市场波动更新施工计划中主要材料的造价记录，保证BIM模型能够描绘原材料的使用情况，提升BIM技术在应用层面的稳定性，BIM技术在施工阶段的具体应用必须以施工方为主导，监理企业可在施工过程中发挥协调作用，要求施工单位根据业主与监管部门的要求修改工程监理框架，整合碎片化的项目信息与工程数据。BIM技术可在各类配套的安全管理工作中发挥特殊作用，借助摄像机、卫星遥感设备等先进技术手段，整合、汇聚来自施工现场的多项信息，并根据搜集到的工程信息与数据制定安全防护方案。在工程的验收环节，施工单位应当将BIM模型中的信息数据进行分类处理，并统计数据中的各项基本指标，在建筑工程基本竣工后，进行针对BIM模型的后期维护工作。

三、在工程监理工作中应用BIM技术的新途径研究

（一）核查设计方案，避免后期返工

施工人员可在工程监理工作中正确运用BIM技术，对二维层面的CAD图纸进行核查，并仔细校对施工方案中的各项基本数据指标，发现图纸中可能存在的漏洞与错误记录，并立足于整体层面进行调控，做出针对性的修改，基于

我国现行建筑行业监管法规与设计通则，对平面图中的建筑设计方案进行重构与二次编辑，发现并清除图纸中的失误，让监管部门的工作人员审查立体化的建筑模型，发现其中的问题与漏洞，从数据中提取设计模型，对容易发生错误的复杂点与关键性施工工艺进行分析与观察，面向其他参与施工的市场行为主体征求有价值的监理意见，对用 BIM 技术所绘制的数字化模型进行集体项目会审，并针对施工计划中的重要节点进行在线验算分析，检验施工方案的可行性与安全性，把握检测的核心指标与普遍性标准，预测下一阶段工程建造原材料的消耗量与正确使用方式[5]。

（二）利用 BIM 技术实施动态控制

施工单位应当在具体的工程监理工作中，基于施工方案进行动态控制，在计算机中基于前一阶段的施工速度、建造质量模拟，预测下一阶段工程的建造效率，做好建筑项目施工工作的现场勘查与数据搜集工作，发挥监理人员的作用，搭建 BIM 模型数据的在线分享平台，将搜集到的项目信息定期上传到数据库之中，及时更新最新的施工方案，让数字化模型保持动态更新，完成数据集成与项目分类工作，明确要求工作人员按照预定的施工计划进行施工，对模型与现场的建造活动进行纠偏，把握施工进度。在建筑项目施工工作逐步进入竣工阶段后，监理人员可利用 BIM 技术搭建完整的建筑模型，并将其转交给物业管理公司与业主，并保证此类模型中能够包含工程项目的所有关键性信息，监管部门可根据实际情况审核 BIM 质量检测报告，核对、检查基本的施工阶段关键性业务目录单[6]。

结论

BIM 技术在现代建筑项目工程监理工作中的逐步普及应用，能够推动协同管理机制的形成。建筑行业从业者必须根据 BIM 技术所绘制的数字化模型，重新选择质量控制标准，让 BIM 技术成为关键性的辅助工具，全面提升工程监理的实际质量水平，拓展 BIM 技术的具体应用路径，规范建筑行业从业者在建筑施工过程中的具体活动，提升施工工人对图纸中关键性工艺与建造方式的熟悉度，以此间接性地提升施工质量与建造速度，保证重要节点上的施工工作按照预定计划妥善顺利地实施，获得来自项目管理者与相关监管部门的有利评价。

参考文献

[1] 马亮 .BIM 技术在工程监理进度控制中的应用研究 [J]. 交通节能与环保，2021，17（1）：156–158.
[2] 张爱权 . 基于 BIM 技术的工程监理关键业务研究 [J]. 甘肃科技，2020，36（24）：41–43，116.
[3] 郑煜 . 建设工程 BIM 技术应用的探讨 [J]. 建设监理，2020（8）：26–28，31.
[4] 高士辉 .BIM 技术在工程监理中的应用 [J]. 建筑技术开发，2020，47（15）：77–78.
[5] 李红晓 . 探讨 BIM 技术在建设工程监理工作中的应用 [J]. 中国新通信，2020，22（14）：167.
[6] 曾显彬 . 浅谈 BIM 技术在工程项目监理中的应用 [J]. 建设监理，2020（7）：7–9.

监理单位开展全过程工程咨询服务的探索与实践

张存钦　李慧霞
中元方工程咨询有限公司

摘　要：本文首先对监理企业转型全过程工程咨询业务的优势和障碍进行总结、提炼、归纳，以中元方全过程咨询实践为例进行分析、探讨，总结开展全过程工程咨询业务的转型路径与经验，为行业其他监理企业业务转型提供参考。

关键词：全过程工程咨询；业务转型

引言

我国监理行业经过30余年大浪淘沙的冲击，已具有一定规模，形成了一个政府指导、市场运作、行业自律的工程监理市场。但是，随着国内经济发展变化、信息化浪潮冲击以及建筑业改革的推进，建设工程领域迅速扩展，监理行业内部逐渐分层分化，渐入困局，企业发展遇到瓶颈。一方面，建设工程实践中长期以来面临着监理权利与监理任务执行失衡问题，影响了监理工作效果，使监理行业从提供咨询服务转变成监督施工阶段安全与质量的劳动密集型行业；另一方面，国内监理市场竞争激烈且不断有国外咨询企业侵蚀国内市场，使得监理企业生存空间被严重挤压，亟须服务创新转型升级。

2017年2月，国务院颁发《关于促进建筑业持续健康发展的意见》（国办发〔2017〕19号），提出培育全过程工程咨询，鼓励企业通过联合经营、并购重组等方式，培育一批具有国际水平的全过程工程咨询企业。这是国家在建筑工程全产业链中首次明确提出“全过程工程咨询”这一概念，旨在适应发展社会主义市场经济和建设项目市场国际化需要，提高工程建设管理和咨询服务水平，保证工程质量和投资效益。随后，全过程工程咨询服务实践迅速开展，监理企业也纷纷探索转型发展全过程工程咨询服务。但是全过程工程咨询在我国工程建设领域属于新事物，还只是起步阶段，没有社会实践上的实际应用和相关有效细则，不能体现全过程工程咨询在项目建设和管理过程中的集成优势，工程咨询服务业短期内还难以实现“一体化”“综合性”咨询服务的理想状态。为解决上述问题，2019年上半年国家发展改革委与住房和城乡建设部印发的《关于推进全过程工程咨询服务发展的指导意见》（发改投资规〔2019〕515号）指出，要充分发挥政府在投资项目的引领作用，以及国有企业的示范作用，进一步引导大型的勘察、设计和监理企业发展整个过程的咨询服务。

鉴于各省市住建管理部门都在鼓励或助推全过程工程咨询业务开展，针对这一实际，学者们从关键技术、核心竞争力、人才培养、组织模式、数字化创新、挑战与应对策略等方面探讨了监理企业全过程工程咨询业务转型与创新发展策略。一致认为监理企业以发展全过程工程咨询业务作为重点是行业的发展机会，也是发展的必经之路。但是现有研究对转型的障碍因素讨论较多，对监理企业如何探索转型路径较少，对转型成功的企业的经验总结更是少之又少，不能为当下的企业提供参考依据和发展支撑。

一、监理企业开展全过程工程咨询服务的优势分析

监理单位转型发展全过程工程咨询服务的优势主要体现在以下几个方面：

（一）监理服务贯穿工程项目的大部分过程

监理企业一般较少参与工程项目的

决策立项和前期策划，但为了更好地完成工作任务，监理单位一般都会主动搜集项目前期阶段的资料，并组织监理服务团队进行消化。在实现工程项目计划的阶段，参与上报建设和批准、采购与管理合同、监督质量完成、控制投资预算、把握整体发展进度、安全有效健康施工管理管控等多项工作，同时帮助工程建设方在工程结束时的验收和相关资料管理。而且监理服务团队从最初就参与项目，常常驻守项目现场，对工程实际发展情况更为熟悉和了解。

监理企业基本上参与了工程项目实施的全过程，开展项目全过程咨询服务也更具发展潜力。

（二）监理服务与项目参建各方均有一定的关联，具备协同管理的基础

在工程项目中，施工阶段是重要的一环，且容易受外界因素的影响，主要原因是相关资源太多不易调整配送，因此组织和协调管理比较复杂。监理服务团队常驻于项目现场，且随时与代表业主和不同阶段负责的供应厂商联系，并和投资咨询、市场调研、工程造价、绿色建筑、物业运维管理等相关咨询服务领域都有联系并熟知相关知识。相较于其他咨询单位专注于自身的服务对象和内容的情况而言，与业主以外的其他相关单位联系远不如监理紧密。

二、监理企业发展全过程工程咨询的突出障碍分析

（一）传统条块分割，咨询产业链整体服务能力不足

长期以来，我国工程咨询以专业化咨询服务为主，包括前期咨询、工程设计、招标代理、项目管理、工程监理、造价咨询等咨询业务形态，咨询产业链被划分为明显的若干阶段和条块实施，使工程咨询服务呈现阶段性、碎片化、单一化的形式。全过程工程咨询就是要打破这种条块分割、碎片化的咨询服务模式，这就要求全过程工程咨询服务主体提供咨询产业链整体服务。然而，传统服务模式下，监理企业主要立足施工阶段的工程监理工作，侧重项目的质量安全管理，少有参与项目的前期投资咨询、设计管理、造价咨询、采购与合同管理等工作中，没有形成工程咨询全产业链的综合性、一体化咨询服务能力。

（二）服务水平落后，企业供给能力与市场需求不匹配

传统建设组织模式下，监理企业多承担以工程监理、项目管理为主的施工实施阶段的管理工作，缺乏财务、经济、社会、管理等方面的业务，导致前期决策、项目总控、工程设计以及运营维护领域能力不足，创新能力弱，对于客户和市场的需求不能充分响应。目前对全过程工程咨询的推广主要是通过中央和地方政府发文的形式加以宣传和鼓励，是一种“自上而下”的推行方式，对我国建筑市场和用户对全过程工程咨询模式的实际需求情况不明确；此外，建筑市场对全过程咨询认可度不高，还处在探索尝试阶段，很多项目业主单位在是否采用全过程工程咨询模式时仍存在疑问和顾虑。

监理企业的传统服务模式、业务流程及服务能力还没有适应新业态的开展，全过程工程咨询项目实践在曲折中前进，各业务环节融合度不足，服务模式以简单的业务叠加为主，难以整合集成组织、资源、技术和管理资源，限制了工程咨询服务的效果、效益和价值发挥，导致业主对选择全过程工程咨询存在风险顾虑。全过程工程咨询服务是依靠政府引导、市场需求主导而推进的，监理企业应重点根据企业发展战略加强能力建设，延伸全过程工程咨询产业价值链，向高附加值的领域有序拓展，培育综合性全过程工程咨询服务能力，适应市场多样化咨询服务需求。

（三）复合型人才短缺，且人员流动性大

全过程工程咨询是知识密集型的技术服务，旨在“让专业的人做专业的事”，因此，对全面具备工程技术、经济、管理和法律专业技术知识的高素质综合性咨询人才需求高，监理企业发展全过程工程咨询必须强化人才队伍建设。目前，从人才结构来看，传统监理企业是以注册监理工程师为主的人才团队，在实际工作中，监理工程师的工作范围和定位被局限，主要集中在施工阶段的质量安全控制，在进度控制、合同管理、造价咨询、设计管理等方面参与度较低，长此以往限制了综合性管理人才体系的培养和发展。从行业环境来看，相较于设计、施工、咨询企业，监理行业的收入水平相对较低，难以吸引高层次人才，中青年骨干人员流失严重，造成人才结构不合理。从工作方式来看，传统的监理服务工作方式较粗放、信息化管理水平较低、工作协作性不足、项目信息掌握不全面、可追溯性差、知识再利用率较低。总之，现阶段熟悉掌握全过程工程咨询的人才稀缺，咨询服务业劣势明显，缺乏复合型咨询工程师，提供全生命周期咨询服务能力较弱，难以满足全过程工程咨询业务发展的需要。

三、中元方开展全过程工程咨询服务的探索与实践

中元方工程咨询有限公司（以下简称“中元方”）成立于 1997 年 3 月，目前拥有建设监理综合资质、工程造价甲级资质以及招标代理等资质。

（一）突破传统意识，延伸“上下游”服务链，实现服务模式转型升级

近几年来，随着《国务院办公厅关于促进建筑业持续健康发展的意见》（国办发〔2017〕19 号）、《关于促进工程监理行业转型升级创新发展的意见》（建市〔2017〕145 号）和《关于开展全过程工程咨询试点工作的通知》（建市〔2017〕101 号）等文件相继出台，中元方紧跟传统工程监理企业转型发展方向，突破传统监理意识，随着客户需求变化对各阶段服务内容进行有效整合，具体如图 1 所示。鼓励监理人员多做一些涉及项目管理的工作，多承担业主方的工作，争取参与业主方的管理中，如项目计划管理、采购管理、资金管理等，从而拓宽视野，逐步积累项目管理实践经验，向项目管理工作扩展；最后使两者深度融合，实现资源的共享，加强分工与协作，提高工作效率与质量。

（二）重构组织框架，适应全过程工程咨询服务需求

中元方早期为简单的直线职能型管理组织框架，如图 2 所示，直线职能型是按照经营管理职能划分部门，各业务板块单向咨询既受上级部门的管理，又受同级职能管理部门的业务指导和监督。这种组织框架构适用于单向咨询业务管理，办理业务灵活快速且维持成本较低，但是不适用于全过程工程咨询业务管理。企业开展一个全过程工程咨询项目需由不同专业部门合作完成，制定严格的相关制度，明确划分各岗位职责，因此，中元方建立起以项目为指导的矩阵型管理结构，具体如图 3 所示。矩阵型管理组织架构以项目管理为中心，负责协调工作以及客户问题处理，将按职能划分的部门和按产品划分的部门结合起来组成一个矩阵，使同一个员工既同原职能部门保持组织与业务联系，又参加产品或项目小组的工作，具有扁平化、集中化和专业化的特点。

（三）优化传统业务流程

全过程工程咨询是全生命周期、多专业、系统性的有机集成，需要对各传统咨询业务流程进行再造与优化，实现有机融合。中元方将全过程工程咨询服务从前期策划、工程设计、工程建设、运营维护至服务结束，进一步细化分解与企业专业化发展相适应的业务阶段，针对各阶段每项工作业务建立一套标准化的业务流程和工作程序，形成菜单式咨询服务体系和标准化的工作流程，对外满足委托方的多样性和项目独特性的需求，对内为业务部门开展咨询服务提供体系化、标准化的指导，调整后的业务流程具体如图 4 所示。

（四）创设标准化工程监理制度，提升品质实现增值

在以往的工程项目管理中，由于各专业的独立性，没有对应的职责与约束，造成很多管理不力、监督不力、资源浪费等问题。中元方在工程咨询过程中把各类专业服务有机结合起来，建立一个完整的、规范的工程咨询体系，使工程咨询企业从传统的、过时的业务中走出来，形成一个综合性的工程服务体系。同时，中元方在实际工作中针对不同的工种，制定一整套的管理制度，以确保项目顺利进行和提高工程质量，并采取协同管理战略，改善监理咨询的具体内容，制定详尽完善的管理措施，并付诸实践。

（五）开展基于价值链的集成化管理

全过程工程咨询的集成化管理是对项目前期决策、工程实施和运营维护各阶段的管理组织、过程、信息等方面进行有机融合和集成优化，通过总体策划、合同管理、风险管理、人力资源管理等手段实现项目投资、质量、进度、安全等目标集成，强调纵横向系统化管理，提高项目的整体效益。中元方在全过程工程咨询服务中深刻领会到涉及建设工程全生命周期内的各个阶段的管理服务，

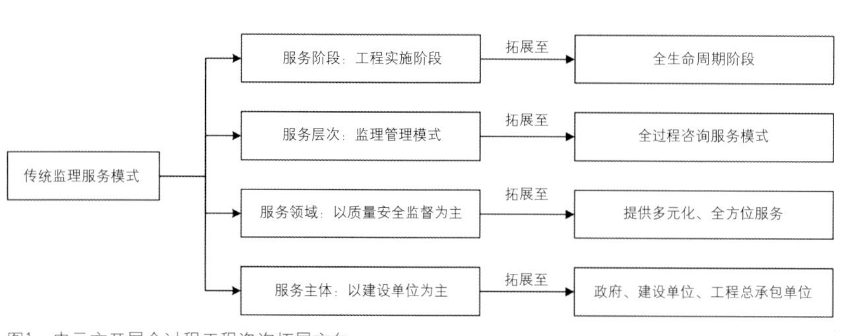

图1 中元方开展全过程工程咨询拓展方向

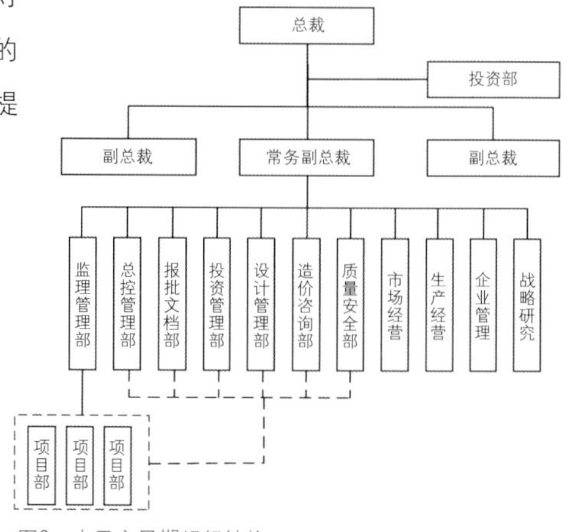

图2 中元方早期组织结构

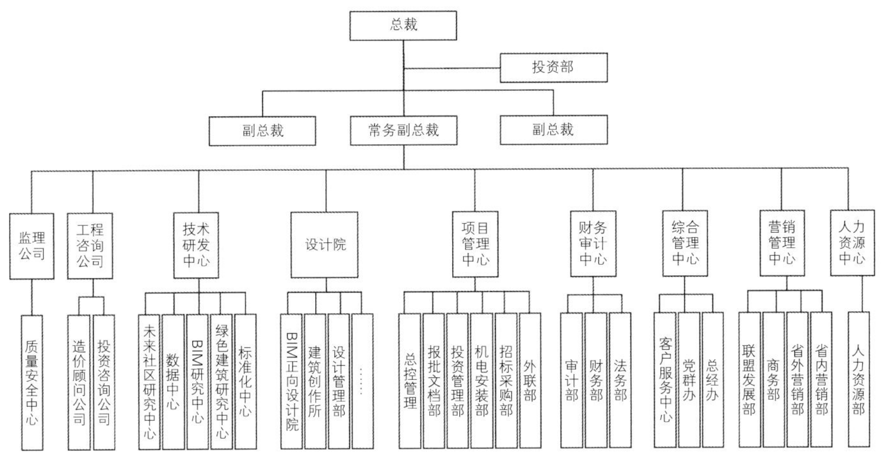

图3 中元方改进后组织结构

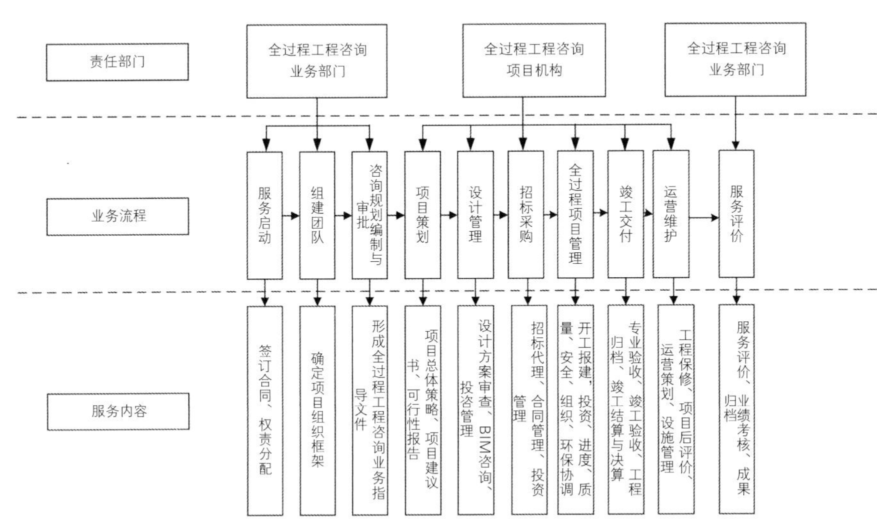

图4 中元方开展全过程工程咨询业务流程及内容

不是对工程建设各进程、各步骤的咨询工作进行简单汇集，而是把各个时期的咨询服务看作是相互联系、相互作用构成的整体性工作。积极开展业务实施“1+N”管理策略，在核心业务方面具备项目实施管理优势，直接承担项目监理，对项目全过程有相对全面的了解，在可融合的企业业务选择上，发挥监理企业对项目全过程认知的优势，拓展业务范围，尝试开展从立项咨询阶段到运维管理咨询阶段的业务，必要时与设计、造价、咨询等企业兼并或重组联合体。

（六）以数字化技术手段为支撑，打造以 BIM 为龙头引领的新技术贯穿项目全生命周期的全过程咨询服务模式

开展全过程工程咨询服务，必须有完备的管理手段，建立数字化管理平台是实现全过程工程咨询管理协同、业务融合和集成化管理的重要手段。通过以数字化大平台和 BIM 技术、大数据、互联网等技术为支撑，从管理职能（决策、组织、协调）、业务阶段（决策、设计、施工、运维）和业务要素（总体策划、前期咨询、设计管理、项目管理、组织协调）角度构建全过程工程咨询数字化协同管理平台，可提高设计和施工的效率与精细化水平管理，可为企业高效地完成全过程工程咨询服务打下坚实基础。中元方公司一方面有针对性地梳理数字化管理的业务需求、技术标准等，规划适合整体的构架和实施步骤，选择重点或关键项目进行试点，逐步进行岗位、项目、管理过程的推进，具体如表 1 所示；另一方面成立技术研发中心，下设标准化中心、数据信息中心、BIM 技术研发中心等 6 个专项研发部门，构建以数据流为对象的数字化协作管理平台，具体如图 5 所示，对项目质量目标、进度目标、投资控制目标，以及合同、安全风险等方面的信息进行集成化管理，提升全过程精细化管理和全数字化服务的能力。同时，通过该管理平台可实现咨询成果的导航浏览及信息的添加、提取、统计；还可进行电子档案资料的归档和整理，实现全过程信息集成共享以及各阶段重点难点问题的精细化管控，最终达到提高全过程工程咨询服务的管理效率和服务价值目的。由于一家或几家公司技术力量很难满足各个项目的不同需求，中元方为此专门设立了工程技术专家委员会，用以统筹和管理专家库和技术顾问资源。

（七）加强全过程工程咨询人才建设

工程咨询业是以人为载体的知识密集型行业，咨询行业的市场竞争归根结底还是人才的竞争，综合型人才是全过程工程咨询企业的核心资源。中元方正处于转型升级再出发的关键时期，离不开强有力的人才支撑，尤其是具有全过程工程咨询及咨询产业链视野的综合性高端人才。在人力资源工作中，系统建立包括招聘、甄选、培训、绩效、薪酬等匹配性体系。中元方根据相关工程咨询人员胜任力研究，将全过程工程咨询人才能力分为个人品质、知识技能和管理能力三个维度，建立全过程工程咨询人才能力评价体系，如表 2 所示。并根据服务模式、业务结构、人才体系情况，

大力推行各种不同层次的培训工作。

四、中元方全过程工程咨询服务经验

2018 年 7 月，中元方工程咨询有限公司与河南豫通盛鼎工程建设有限公司签订《豫通盛鼎交通标志制造项目（两栋钢结构厂房、一栋科研楼）》项目全过程工程咨询服务合同。该全过程咨询服务项目已是河南省住房和城乡建设厅《关于公布第二批全过程工程咨询试点名单的通知》（豫建设标〔2018〕72 号）中的第 12 个全过程咨询试点项目。

该项目总建筑面积 30213.99m^2，其中厂房建筑面积 14921.00m^2，生产、实验、研发综合楼建筑面积 11774.2m^2，堆场建筑面积 3518.79m^2。预算投资 15000 万元，工期 360 天。

中元方对项目的全过程咨询服务主要集中在前期项目可行性研究、招标代理服务、设计有关各方协调服务、全过程造价咨询服务、工程实施阶段的监理服务以及工程项目后评估服务等。

通过全过程咨询服务，本项目在预定的工期内圆满完成建设任务，无任何安全、质量事故，工程合格率 100%，节约投资 460 万元，节约达 3.07%，业主满意度 100%，不仅取得了良好的效果，还获得了一定的全过程咨询服务经验。

其主要经验为：一是所具备的监理、招标、造价等全方位产品服务和资质，与全过程工程咨询需求各项要素高度一致，为中元方全过程咨询服务打下了坚实的基础，获得了有利的先发优势；二是突破传统意识，延伸“上下游”服务链，在服务模式、服务内容、专业整合能力等方面积累了大量经验；三是通过企业内部建设，包括组织架构的重构、优化业务流程、企业内部多层次人才培养体系以及开展基于价值链的集成化管理等，为全过程工程咨询业务提供了必备的人才储备；四是以数字化技术手段为支撑，打造以 BIM 为龙头引领的新技术贯穿项目全生命周期的全过程咨询服务模式。

整体而言，中元方通过“升理念、扩内涵、建体系、引客户、赢价值”来突破与进阶，并从企业内部与外部两方面建设，克服了监理企业全过程工程咨询障碍，实现了经济效益和管理效果上“1+1>2”、成本和时间投入“1+1<2”，从而使项目全过程咨询业务得到了有效开展。

中元方数字化管理推进内容 表1

项目	具体内容
岗位数字化	组建高效精干的数字化管理机构，做好项目全过程数据信息收集； 项目组制定数字化服务项目的岗位和管理制度，梳理标准化的数字化流程，负责数字化服务项目资源协调整合，促进数字化项目的落地
项目数字化	充分利用BIM技术实现对现场施工人员、大型设备联网监测管理，实现自动化监管设施的联合动作，提高应急响应速度和事件的处置速度，形成人管、技管、物管、安管“四管合一”的立体化管控格局； 通过BIM整合，实现项目资源信息与数据的结合
管理过程数字化	按照“资源共享、高效协同”的原则，以流程为导向，将管理方、建设方、服务方三者统筹协调，构建一个适应多组织架构，满足项目群、多项目及单项目管理需求的管理系统，实现管理过程数字化

中元方全过程工程咨询人员能力要求 表2

能力 / 层级	个人品质	知识技能	管理能力
总监理工程师	领导力 人际关系 目标驱动	专业技术 专业经验 学习与创新技能	目标管理 商业管理 风险管理
专业监理工程师	责任心 领导力 沟通表达	专业技术 问题解决 专业经验	团队管理 项目策划 组织协调
监理员	沟通表达 人际关系 敬业	专业技术 项目经验 主动学习	监督管理 团队协作 组织协调

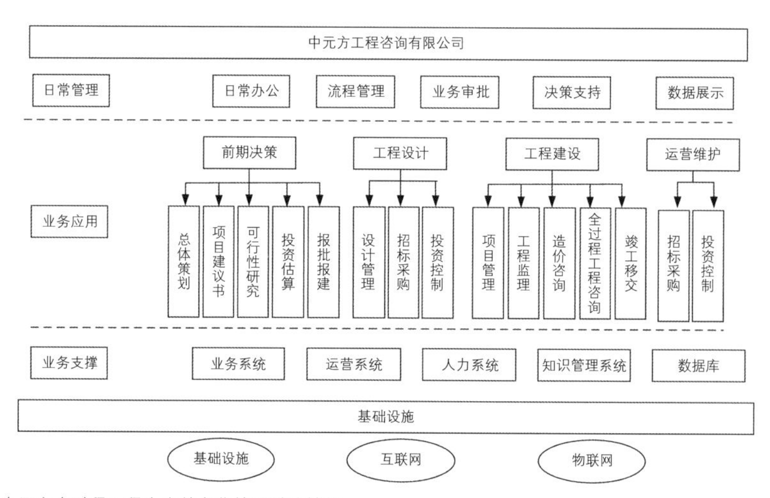

图5 中元方全过程工程咨询数字化管理系统结构

努力拼搏 诚信服务 为轨道交通工程立新功

吉 璇 张 晶
上海建浩工程顾问有限公司

摘　要：公司始终将诚信建设纳入公司发展的核心，通过营造诚信、自律、和谐的市场氛围，建立有效的诚信管控体系，确保监理服务质量的有效实施，在轨道交通领域取得了一定成效。

关键词：诚信建设；管控体系；轨道交通

监理企业诚信建设是企业在发展过程中的核心战略，诚信属于企业内在价值体系的范畴，品牌是社会对企业服务质量的认可，诚信体系建设是监理企业打造品牌的关键要素，只有始终如一地做好服务质量，才能塑造优秀的品牌形象。

一、健全诚信管理体系 加强诚信管理

诚信体系的建设，是公司发展过程中不断完善健全的过程。公司管理者首先树立牢固的诚信观念，制定严格的诚信制度，建立强有力的约束机制，公司以优质的产品和服务取信于人，在市场上树立起良好的形象，塑造顾客信赖的品牌。公司将监理服务质量作为企业信誉的名片，让诚信服务影响并提升企业的竞争力。

公司紧紧抓住城市建设大发展的机遇，坚持科学发展观，贯彻“和谐为本、追求卓越”的核心理念，发扬“优质、高效、团结、进取”的企业精神，在提高经济实力、品牌维护与推广、提升行业地位、强化企业管理、建立内部诚信机制等方面取得了较大的成绩。

建筑业发展日新月异，通过建立健全诚信管理评价机制，将员工诚信纳入绩效考核体系。通过程序化、规范化、标准化工作的重点实施，抓重点、出要求、查落实、治不足。

二、以服务赢市场 靠品牌创效益

工程质量与安全管理是监理企业永恒的主题，应具备高水准的技术和优质的服务，监理企业只有把握市场规律，做出实际成效，赢得业主的信任，才能在激烈的市场竞争中立于不败之地。

公司的核心竞争力体现在把控标志性项目、高大精深项目，轨道交通、装配式建筑等项目的发展运作。

以地铁为主的轨道交通工程，地质条件多变、周边环境复杂、规模大周期长、不确定因素多、施工风险大。随着轨道交通工程项目的不断发展和经验积累，公司制定了《公司轨道交通管理办法》，对轨道交通项目进行标准化管理，成立以总经理为首的轨道交通领导小组，研究工作目标、部署工作计划和要求、决策项目过程中的重大事项。

成立以公司技术负责人为主的轨道交通工作小组，制定公司内部的轨道交通工程监理管控措施、办法和标准，跟踪检查项目诚信管理及质量安全职责的

落实情况。技术负责人对轨道交通项目关键节点、重要工序驻地带班，支撑、指导和检查项目的技术质量安全管理工作。

工作小组积极实施对轨道交通项目的定期考核和安全专项检查，积极参加各类关键节点条件验收、重要施工方案讨论以及重要线路进度施工节点推进会等，对重要方案公司先行审核。定期召开总监专题会议和培训交流会议，关注并跟踪轨道交通工程施工质量与风险管理，规避风险责任。

三、依托有效资源　总结经验　开拓崭新前景

公司作为全国第一批获得甲级监理资质的企业，截至目前，参与轨道交通建设监理已有20多年历史，成为轨道交通工程监理骨干企业，参与建设了上海除5号线以外的所有轨交线路（1~19号线）的监理工作，包括城市轨道交通工程的土建、装饰装修、系统设备、扩容改造项目，并拓展了江苏、新疆、成都、重庆、武汉、深圳等地的轨道交通监理工作业务，其中60多个项目获得了国家级或上海市的各项大奖。

多年来，通过轨道交通项目的实践与锻炼、轨道交通成果的总结与探索，公司内部已形成了全面并有效指导监理开展轨道交通项目的业务手册，培育出一批专业能力强、业务水平过硬、责任心强的总监和专业工程师队伍，能更好地适应上海乃至全国的轨道交通项目的建设。

公司曾受上海市建设工程总站委托，作为副组长单位承担了住房和城乡建设部课题《城市轨道交通工程关键节点条件验收制度研究》，参与编制并出版了《城市轨道交通工程关键节点施工条件验收指南》，并在公司从业35载之际，汇编了专业文选《城市轨道交通工程监理业绩选编》。

四、合力打造精品工程　巩固发展出成效

公司监理的上海市轨道交通网络运营指挥调度大楼，是上海轨道交通全线网络运营的指挥中枢，全方位监控上海17条线路约1000万人次客流的地铁线路，体现上海“国内领先，国际一流”的管理水平，工程于2020年获得了“鲁班奖”。

（一）依托项目目标，建立创优体系

1. 将创“鲁班奖”列入公司创优计划，成立以总经理为首的“鲁班奖”领导小组，编制了创优计划书，在人才、技术、管理等方面提供强有力的保障。公司与事业部签订年度目标责任书时，将工程创优夺杯作为考核指标，事业部与项目部签订创优责任书，项目组总监与项目人员签订创优责任状，努力做到“人无我有、人有我优、人优我精、人精我特”。

2. 建立了以建设单位为核心、依托总承包单位实现过程管理的质量管理体系和保证体系，签订创优责任状，并将创优目标分解。

3. 项目参建各方抽调一批创优经验丰富、业务能力强、综合素质高的管理人员成立创优领导小组，编制“工程创优策划书”，制定针对性的创优措施。

4. 从设计入手，努力改进管线穿墙以及设备间、幕墙、钢结构、屋面等细部处理，提高工程整体观感效果，达到全面创优目的。

5. 结合工程创优，实施样板引路，对易发生质量通病的室内抹灰、涂料油漆、吊顶、块材铺贴、钢结构吊装、幕墙等施工工艺进行了优化。

（二）克服项目难点，确保项目达标

工程建设标准高：一个核心（调度指挥板块）+五大支撑业务（传媒与公众服务板块、清分中心板块、网络化运营策划板块、设施设备运行监测板块、路网安全监测与管理板块），包括网络运营监控与应急指挥平台（C3平台）、网络电力调度平台、大屏幕控制系统、智能控制系统、调度协作系统等。

项目难点：进度要求紧；参建单位多，交叉作业多；施工场地狭小，周边环境复杂；高支模施工难度大、风险高；大跨度钢结构吊装难度大；文明施工、环境保护要求高，协调工作复杂。

监理及时督促帮助施工单位科学、合理划分流水施工区，组织队伍平行搭接流水施工和立体交叉施工，确保项目达标。

（三）展露监理特色，建浩诚信精髓

建浩公司将“精品工程”思想贯穿于施工的全过程，高标准、严要求，在监理过程中突出一个“严”字，严格监理、严控奖惩；狠抓一个“实”字，明确职责、切实落实；贯穿一个“精”字，精准监理，工程抽查率达到100%。

1. 加强队伍的自身建设，树立监理人员的良好形象

项目由一位经验丰富、干劲十足的女总监负责指挥，组成了老、中、青结合的团队，并开展传、帮、带，真正做到“内练硬功，外树形象”。

定期开展总结交流活动，阶段性地将工程进展情况、质量安全管控情况进行汇总整理并合理评价。

以最大的技术优势构建优秀的团

队，公司有计划、有步骤地进行业务培训和考核，“走出去”和“请进来”，努力汲取外部的宝贵经验，培训骨干人才，打造“工匠”精神，建立内部考核标准与奖罚机制，形成一支品德好、作风硬、业务精、适应性强的监理队伍。

2. 严格执行总监负责制，为业主提供增值服务

在总监带领下，本着“热情服务、严格监理”的宗旨，围绕创建“鲁班奖”目标进行工作部署、落实、发力。跟随公司的脚步，不断磨砺专业水平，提升软实力，把项目打造成公司诚信建设的优势板块。

抓好政治思想、职业道德建设，珍惜业主赋予的权利和社会责任，监理人员密切配合、团结协作、廉洁自律、素质在线，形成了一支凝聚力强、战斗力强的监理团队。

3. 以制度引领，规范监理组的工作行为

结合项目的工作特点，制定了详尽的工作计划，分工明确、责任到人。

管理制度先行，按公司的《轨道交通项目管理办法》制定发布《COCC项目工程管理制度汇编》，将业主的所有制度一并发布。

每日召开项目班前会，总监对各专业工程师进行指导，布置当日工作的重点巡查、旁站等各项任务。

每周定期组织学习交流会，探讨、熟悉设计图纸，巡视检查中发现的问题，优化监理细则使其更有针对性和操作性，便于大家相互学习，优势互补。

每月定期由公司技术负责人和总监组织进行施工方案和设计图纸进行文件的交底和交流，全面自查自纠，对工作成效进行汇总和评价。

4. 推行有效的管理思路，齐抓共管质量成效

1）“四学二查”工作思路

①学习法律法规、规范性文件；学习公司作业指导书；学习设计文件和图纸；学习施工方案和监理细则。

②查程序：按监理程序，审查施工单位工作程序；落实质量检验、监理旁站、隐蔽验收等工作；定期开展专项检查和日常巡视检查工作。

③查风险：对危大工程加强识别和评价，并进行风险综合分析及评估，并确定风险级别以及采取相应的控制措施。

2）质量控制重要方法

实行施工方案程序性、符合性、针对性审查，抓好专业工程深化设计制度。

注重工程质量的事先预控，策划关键部位首件验收样板先行管理，建立现场样板书面确认制度，形成PDCA完整的质量管理流程。

建立关键工序施工条件验收制度，策划和梳理关键工序实施前应具备的条件，如基坑开挖条件验收等，严抓桩基开孔令、地墙成槽令、钢结构吊装令等工序。

注重施工过程的现场监管，明确材料品牌报审、材料报审报验、封样、复试、验收等管理要求。

施工过程严格执行“三检制度”，注重细节。

建立工序检查验收影像资料留存制度。

5. 坚持技术为先，攻克项目难关

确立“精心策划、过程控制、注重细节、精益求精、严格验评、一次成优”工程创优理念。

针对重要的施工方案，组织召开专题审查会，使方案更优化，重大方案上报公司专家审核，利用公司技术资源和优势。

新技术应用：精密空调、微模块、钢结构整浇楼板支模技术等。

以科学的态度，积极解决施工难题，提出合理化建议：高压旋喷桩技术参数重组、大底板防水及混凝土整浇层整合、栈桥钢立柱竖板加强、地下室防排水、地墙离壁沟内衬墙增设检修孔、与施工单位研创了钢结构整浇楼板支模技术、反驳不合理索赔等（节约成本超过1000万元）。

6. 精益求精，工程创优达新高

严格执行“三高”和“三严”制度，高质量目标、高质量标准、高质量意识，严格的制度、严格的管理、严格的要求，保证工程质量达到国内一流水平。认真研究质量控制要求，特别是严格监控各施工工艺、操作规程、操作技艺、操作质量，采取预控和过程控制、生产控制、优质工程控制，达到工序精品、环节精品、过程精品，对工序的每一个细节进行设计，施工工艺、检验手段、检验程序设计，一次成活、一次成优、一次成精品。

经过两年多使用，各个系统运行正常，市各级领导、业主对工程非常满意。工程对上海市轨道交通工程的网络运营调度指挥起到了不可估量的作用，取得了显著的社会效益。该项目先后荣获：

（1）2020年“鲁班奖”；

（2）2019年“白玉兰”奖；

（3）2017–2018年度上海市金钢奖；

（4）2018年度上海市建设工程优质结构安装工程奖；

（5）2017年度上海市示范监理项目部等十几项大奖。

（四）把控关键技术，监理工作亮点

1. 土建结构

1）远程监控管理系统

监理组按照远程监控系统要求，每晚定时上传当日监测数据，对上传数据按照系统要求制作测点布置图、土方开挖 CAD 文档，确保了深基坑项目的安全可控。

2）GRC 板连接采取的措施

监理组在外墙装饰用 GRC 板安装中发现重大安全隐患，通过对厂家生产线查看提出对策：加强对 GRC 板的养护，制作中加强埋件连接点的混凝土压实，待板强度达到要求后再运输、吊装。

通过对关键环节的严格把关，从产品源头抓起，避免了质量和安全的隐患。

2. 机电安装

1）外电施工

本项目除了常规机电安装，还需为 7 个地铁站台敷设专用电缆，电缆需要通过地铁隧道及室外埋管方式引入大楼。在长达近半年、线路长达标 3 万多米的夜间外电施工过程中，监理组提前清点，夜间 3 小时全程旁站、吃苦耐劳，凭借着扎实的专业知识，出色地完成了外电的工作，达到数据互联互通、信息共享的目的，得到了业主好评。

2）大型设备出厂验收

监理组组织编制厂验大纲，监理组牵头组织参建各方对进场 10 多类大型设备进场前进行厂验，对于设备的各项指标进行检测，参建各方旁站监督测试过程，监理组及时编制厂验报告，从源头上确保了设备的质量达标。

3. BIM 应用

监理组充分利用“数字化”，基于 BIM、云计算、物联网、WebGL、3G 安全质量管理平台、GREATA 管理平台等管控，取得了一定的成效。

监理组参与工程 BIM 建模标准的制定，提出了很多合理化建议，运用智慧建造管理平台，利用 BIM 的 4D 模型、MR 及综合平衡技术对施工质量进行把控。

监理组凭借过硬的技术水平、良好的服务态度、出色的协调能力，为公司的诚信建设打了胜利之战，监理部将继续努力，为企业的发展添砖加瓦，保持企业品牌的长盛不衰。

结语

监理企业的诚信建设，必须依靠管理者的先进观念、企业的可靠制度、广大职工的努力，才能很好地建立。而更多监理企业良好的诚信建设，才能进一步完善监理行业的诚信氛围。

诚信建设、守信经营优质服务

戴永强　龚新波
陕西兵咨建设咨询有限公司

一、诚信的基础建设——从企业管理、业务拓展、人力资源等关键点源头出发

企业管理从诚信出发，从企业到个人，讲诚信都会得到大众的拥护和扶持。人们往往都喜欢与讲诚信的人合作，在建筑行业里也愿意与讲诚信的企业达成战略合作。陕西兵咨将“诚信”列为企业管理核心竞争力，各项规章制度都遵循诚信原则，事事依靠诚信进行全方位企业管理。

业务拓展以诚信为基础。诚信是公司的最基本要求，是员工最基本的道德准则，是公司生存发展的保证。本公司是服务型企业，主要讲究服务质量，以讲究信誉为根本。因此，企业诚信的建立和形象的树立，主要依赖两个要素：一是服务质量；二是信守承诺。通过中建、中铁、中交、腾讯、京东、微软等知名企业的经营管理理念不难看出，它们无不信奉“诚信”二字，且视诚信为经营的基础。这些企业之所以成功，就是视信誉为生命，树立了优质服务、诚信取胜的核心竞争力，从而创造了非凡的成绩。

公司人力资源管理按诚信为根基，主要通过情、诚、信三字从基础出发延伸到各项目用人和诚信经营。

以情留人：公司由创业时的13人发展到现在的500余人，在留人方面一直奉行的是“不仅说更要做”，把公司的关怀与温暖通过劳保、领导的慰问、过程的关怀、困难的帮助等行动表现出来，让员工看到诚意，使员工感受到家的温暖，所以很少出现“离家”的员工，很多老员工从公司成立至今依旧不遗余力地为公司付出。不断引入新鲜的力量，也为公司储备了大批的复合型高素质人才。

以诚待人：真诚不是锱铢必较的利益，而是肝胆相照的情分。在项目工作与企业管理中，公司要求每一位员工真诚对待业主、对待项目的各参建方，赢得了有品质的增长、受尊重的成功。

以信用人：人无信不立，企无信不兴。随着全球经济迅猛发展，世界格局多极化、建筑行业全球化发展的趋势继续加强，在建筑活动全球化方面更是取得了令人瞩目的发展。随着经济的发展，个人的信用记录也越来越受到人们的关注，公司一直注重个人诚信，诚信投标、诚信用人，建立了员工诚信档案监督员工的信用记录，以此来维护单位的信用权益和诚信发展，长此以往的诚信用人、信誉经营使公司不断向高品质发展。目前在建项目150余个，项目辐射范围至全国很多地区。

二、诚信守法经营——为项目管理与公司发展夯下坚实的根基

从宏观层面来看，企业诚信经营环境总体状况不容乐观，各种因素导致商业失信现象的滋生和蔓延，并在一定程度上影响和限制了企业诚信建设的实践和推进。从微观层面来看，部分监理企业已经高度重视企业诚信建设，始终贯彻诚信守法经营，规范日常管理，树立企业诚信形象，加快完善建筑公司诚信机制和诚信体系的建设，促进公司在行业内诚信自律，有利于社会认可企业诚信水准。使公司面向市场、健康发展、稳步前进的基础是强有力的诚信价值体系，它能从根本上优化行业的整体结构水平，满足市场的需要。在发展的同时，也发现市场存在不诚信的各种现象，公司通过自身的诚信为项目管理和公司市场打下坚实的基础。

（一）目前市场上存在的部分不诚信现象

1. 靠造假欺骗来承接项目。如总监不能到岗，或承诺得好但实际做得很差。

2. 没有履约，却谎称自己履约或找第三方的原因掩盖自己未履约的责任。

3. 做得少、要得多，或没有履行公平的原则，一直想让对方向自己付出而不知足的现象。

4. 企业挂靠现象、转让业务现象、私下协议现象等。

5. 管理跟不上造成公司管理变成消防队，喊口号的多，行动的少。

6. 外拓在合作者自律的情况下，项目能够做好；若合作者对项目的各项要求不能尽职尽责，也会造成被动的局面。

（二）结合陕西兵咨建设咨询有限公司30年来诚信取胜的实践与市场各种现象，以及诚信的战略发展方向得出，只有内练管理、外拓市场，才能达到积极的状态

1. 以制度建设为出发点，打造诚信品牌。兵咨从2000年开始逐步制定一系列相关制度，从制度层面保障诚信建设工作。专设“诚信建设实施小组”作为公司诚信守法经营的最高议事机构，负责统一规划、统筹部署公司诚信的战略发展，通过制度建设落到实处，对公司内部做系统化、专业化的引导，完成了企业内部诚信建设指标衡量体系，在项目管理过程中，公司对各项业务制定了一系列的工作考核标准及管理制度，不仅通过周报、月报掌控各项目工作的实施效果，还通过每周抽查、每月重点检查、每季度全面检查考核的方式，促进、提高工作的规范性，并编制了各项工作的标准化资料版本，全面提高对项目管理工作的标准化、精细化管理，诚信化经营，同时还推行了信息化管理的先进措施以提高项目管理工作的管控效能，并不断进行业务挖掘、宣传，推广优秀的管控创新措施与诚信制度建设，以确保各项业务的开展符合公司的规范化、标准化、精细化、信息化、诚信化要求。

2. 以人为本、以提高员工素质为着力点，增强诚信意识。兵咨自成立以来在日常工作中不断开展各种职业技能培训，强化岗位考核，努力提高员工的服务水平，向业主与社会展示守法可靠的形象。兵咨对各项目集中管理，不搞承包挂靠，所有人员的调配均由公司统一进行，要求总监以“带好团队、做好实体、信誉第一”为原则规范开展工作，对全体人员从德、能、信、绩四个方面进行月度工作考核并与工资挂钩，有效确保了全体人员的工作责任心及执行力。

3. 以公平、独立、诚信、科学的服务准则为落脚点，推进诚信服务。提高项目建设过程中的服务质量，以行业转型发展方向为契机，持续加大对企业专业工程师的培训和考核力度，确保监理、司法鉴定、项目管理、招标代理、造价咨询五项核心业务服务质量。公司2012年开始开展工程质量的司法鉴定业务，2020年开始开展造价司法鉴定业务。司法鉴定案件涉及省高院、省内9家中院及外省2家中院。截至2021年6月，公司已完成的司法鉴定案件800余件，收取的鉴定费用1554万元。对所承担的司法鉴定案件工作，严格执行有关法律规定及公司的《司法鉴定工作制度》与《司法鉴定工作程序》。对所接受的司法鉴定案件，坚持依法、独立、客观、公正的原则，认真做好每一个案件的司法鉴定工作，确保已完成的鉴定意见书结论准确可靠；截至目前未出现投诉鉴定意见不准确的情况。

三、诚信建设带来的效益——由本质转化为实质的效益互动

目前在加快建筑行业市场经济发展的过程中，诚信建设是极为重要的一环，国家大力倡导市场经济，“市场经济是信用经济”，诚实和信用是整个企业和市场、社会运行的基础。

（一）立业之道，兴业之本

现阶段各行各业的升级转型和提升，都处于一个极其艰难的过渡环节，诚信守法和诚信建设在建设行业合同履行中尤为重要。然而，作为建设行业的支柱性企业，部分企业诚信缺失已经成为制约其发展、制约建筑行业发展的突出问题之一。诚信是企业重要的无形资产，具有道德、法律和经济学方面的价值。企业的一切生产经营活动都必须依托企业诚信这一无形资产才能进行，经济活动是不同经济单元体之间诚信相互认同的过程，品牌是企业在诚信方面长期大量投入的结晶。公司自20世纪80年代初开始作为全国工程建设监理的试点单位，始终追求“有品质的增长，受尊重的成功”、坚持“规范管理、热情服务、团结奋斗、公正廉洁”的企业精神，在工作中发扬严谨认真、讲求质量、一丝不苟的工作作风，至今已取得了房屋建筑、市政公用、机电安装、化工石油等工程专业的甲级监理资质，同时具备公路、水利水电、人防等工程的乙级监理资质。

（二）诚信的价值体现

诚信建设带来的是顾客的信赖与忠诚，是越来越多的回头客和口口相传的溢出效应，对企业新业务预期的信赖，为企业带来社会效益、品牌效益、经济效益，使企业发展不断迈向新的台阶，

兵咨在延安干部学院项目、交大创新项目建设过程中，通过诚信经营与过程高标准的管理使项目一期顺利完成，各方面得到建设单位高度的认可，二期项目依然交付给公司管理，上述两个项目均获得“鲁班奖”，同时为公司创造了不菲的经济效益。

（三）提高生产与创造力

诚信建设可以节约交易成本，促进生产力，针对企业的创造力发展有重大意义。兵咨为提高生产力与技术服务力，在项目服务过程中坚守诚信经营的准则，保持诚信建设的态度；2013 年由公司领导牵头成立了第三方评估部，2021 年扩展为评估检测中心。评估业务涵盖建设单位、施工单位政府机构等；评估范围包含资料风险（管理行为）、质量风险、进度风险、材料风险、实测实量、安全文明施工。评估部门自成立以来，先后与金地集团、万科集团、西咸新区质监站、西安质监站、陕西建工第九建设集团、陕西佳莲地产等单位合作，对其下辖项目进行评估提升，项目涉及陕西、山西、山东、河北、甘肃、贵州、四川、宁夏、内蒙古等地。8 年来共评估项目 3000 余次，出具报告千余份，对合作单位人员进行业务培训数 10 次，为合作单位创奖评优提供了有力的保障。经过多年的发展，评估部门通过专业的技术、严谨的态度赢得了合作单位一致认可，并与部分单位达成长期战略合作协议，为公司大幅度提高了经济效率与效益。

（四）核心竞争力

只有一个具有竞争力的企业才能发展和壮大自己，才能创造更多的财富和机会，肩负起更大的社会责任。例如兵咨从成立以来始终以“优质服务、诚信取胜”为核心竞争力，使公司累计服务项目超过 3000 个，涉及工程建设投资逾 3600 亿元，赢得了业主及建设单位的好评，获得的荣誉称号 300 余项，不仅为国家的发展建设做出了突出贡献，赢得了良好的企业业绩，也成为建设领域优秀企业的行业标杆，具有一定的社会影响力。

（五）增强企业的凝聚力

企业通过设立诚信建设目标，使员工在工作中诚信相处，守信待人，让全体员工具有归属感，企业充满活力，企业的凝聚力才能不断增强。

诚信建设带来的效益是企业不可预估的财富，通过诚信建设创造出建筑企业自身的链条，带动建设行业的不断发展，带动公司五项核心业务的大力发展；同时兵咨的诚信建设一致秉承诚信力是源头，竞争力是基础，凝聚力是链条，通过源头的带动才能使“三力”发挥出最大的能效，使兵咨通过一次经营，争取到二次、三次经营，为公司的发展和前进带来实际的效益。

四、诚信建设发展的建议——为企业的战略带来勃勃生机

目前行业法制比较健全，在企业经营方面必须以诚实守信为原则，严格按照企业的特点制定企业精神，优质服务、诚信取胜、诚实守信、以人为本，自觉地遵守维护诚信。

（一）根据企业自身的特点及国家允许的范围内经营，对一些不能达到条件的项目创造好条件后再经营。

（二）严格制定管理方针和措施，保证按照合同要求履约，成立项目管理体系，确保人员到位、满足人员素质要求、保障措施到位，技术管理措施应能够满足项目要求。

（三）对人员进行考核，满足一定条件后方可让其独立工作，对不能满足要求的绝对不能任用。

（四）定期检查，对满意度进行测评，定期回访，对履约情况进行改进并制定改进措施加强学习。

（五）有些人走的金钱为上的管理路线，拖欠人员工资、对项目的投资很少造成管理的弊端很多，对于此类失信行为应给予行政性约束和惩戒，从严控制营业执照的发放，限制新增业务的审批、核准。

（六）对诚实守信的企业，在政府、银行、通信等服务行业开辟诚信标兵窗口等“绿色通道”，优先为其服务，优先提供公共服务便利。

（七）政府部门应鼓励企业、行业协会等建立企业和员工的诚信档案，依法采集信用信息、完善诚信信息共享应用机制及联合奖惩机制。

结语

只有诚信经营、守法经营才是正道。诚信体现在道德、法制方面。公司作为建设类企业，更应该遵守公司在成立初期的企业精神：“优质服务，诚信取胜”。在 30 年的历程中，公司深刻地感受到诚信经营的重要性。在过去的经验中认真分析得出：只有诚信经营才能使公司持续发展。企业的管理层一直遵循以优质的服务履行承诺，以高效的管理创造效益，以诚信的作风促进公司的高效发展；其效果主要体现在公司经营的二次、三次甚至多次的项目中，以公司的优质服务和诚信来赢得市场。

新形势下的监理安全风险管控实践

张文举
江苏苏维工程管理有限公司

江苏苏维工程管理有限公司为加强施工现场安全监督管理工作，分解各层级安全管理工作责任，注重安全风险管控，提高安全工作管理水平；从制度建设、责任落实、信息闭环、精细管理等方面进行管控和实践，形成了一套监理企业自身的安全管理体系，从而使安全管理工作水平得到了大幅度提升。

一、制度先行，保障安全管理体系正常运行

公司在“安全第一，安全、生产管理一体化；一把手带头管安全，全员管安全及严肃纪律、严格考核”的核心思想指导下，从公司管理层到一线监理人员均在安全风险管控上组织了“三道防线”——实施三级安全管理，并常设安全管理领导小组，成立安全检查部门：由公司总经理任组长，质安部负责人任副组长，公司各中心负责人及各部门经理均为安全领导小组成员。

（一）完善公司三级安全管理体系

如图1所示。

（二）明确安全责任主体

1. 各项目部总监：（含项目负责人、项目经理，下同）为第一责任人，安全专监负次要责任。

2. 各监理部（含分公司，下同）：正职为第一责任人，副职负次要责任。

3. 各中心：正职为第一责任人，副职负次要责任。

（三）各层次安全管理职责

1. 各项目部：总监根据项目具体情况，组织监理组成员审核各专项施工方案，制定切实可行的安全监理实施细则，进行安全管控风险识别，提前采取风险对策预控措施。在项目具体实施过程中严格按审批后的方案、细则等进行检查、巡查。对重要部位、重点工序等予以重点关注，并根据相关规范要求如实留下检查、巡查记录。

2. 各部门：各监理部经理定期调动部门内各不同项目的骨干力量，对所属部门的项目进行安全互查，对项目存在的问题进行查漏补缺，负责传达各级有关文件，将上级指令第一时间落实到项目第一线。举一反三，针对项目出现的疑难问题给出指导意见。

3. 各中心：按季度对各项目部、各监理部项目自查、部门互查情况进行检查。同时掌握中心内部项目动态，以便于人员调配和工作安排。掌握中心项目的安全管理工作状况的第一手资料并纳入月度考核。

4. 公司质量安全部：在指定周期内，对公司所有项目进行检查，周期内检查到的项目必须达到“全覆盖”。对公

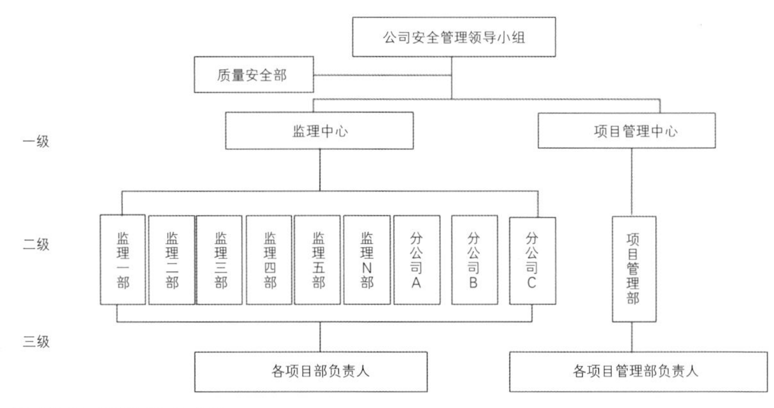

图1 公司安全三级管理体系框图

司项目实施安全风险分级管理，如对危大工程要求每季度不少于1次，超危工程每两个月不少于1次。检查内容包括但不仅限于安全管理、质量控制、文明施工等，比如疫情防控、扬尘防控等。

（四）安全检查管理办法

1. 项目部自查：指全项目安全检查，每周不少于1次；总监组织对现场进行全面排查，对发现的问题及时下发监理通知单要求施工单位进行整改，必要时可召开专题会议解决相关问题，并跟踪整改落实情况，实行闭合管控。

2. 部门互查：由部门经理组织项目互查，每月检查数量不少于各自部门项目总数量的1/2，2个月内检查应全部覆盖到位，部门经理应实时掌握部门内部各项目的情况，确保项目安全可控。

3. 质量安全部巡查：公司不间断、无差别、不通知地进行每日巡查，对现场检查发现的问题及隐患，及时督促整改。重点项目加大巡查力度，超危项目重点跟踪。

4. 公司检查：为考核检查，由“安全质量领导小组”成员带队，结合质量安全部平时检查情况，对全公司大型、重点及可能存在较大风险的项目进行抽查。首先排查部门互查和项目自查情况，以及施工现场管理状况，对项目做出风险评估，检查分出“可控、需进行整改、存在较大风险隐患”三种类型，采取相应措施管理。最终在安全领导小组会议上对中心、部门经理和总监的管理行为形成考核结论，并在相关人员本月度工资中予以奖罚处理。

二、分层管控，实施安全监理检查全覆盖

公司为体现“多角度，充分利用公司专业力量”的理念，针对工程项目“一次性”的特点，采取多级检查，定期开展专家讲课、经验介绍、员工交流等多种活动，提高了施工现场监理人员的安全技术、管理水平；为员工提供有力的技术、管理支持。公司每月发行《苏维简报》，质量安全部在简报中缝部位发布当月检查情况以及提醒各项目注意事项，对施工现场检查结果等进行通报。同时鼓励各级管理人员编写专业论文，介绍心得经验。公司培训、办简报、鼓励投稿等举措，目的就是培养员工“战斗力”，形成整个公司的积极向上正向循环体系。

（一）安全管理预控提醒

安全在于管控，预控在前，防范为先。公司建立安全风险预控方案，对规避和化解安全风险具有重要的作用。同时注重细节提醒，在重大节假日前、安全生产月前、季节变化前、夏季台风暴雨到来前、冬季强冷空气来临前，均通过下达文件和通知，利用微信群、公众号、公司OA系统等平台，提前告知，强调防范，做好提醒预控工作。

（二）项目自查

项目部每周对所在项目进行整体排查。对排查中发现的问题进行逐项隐患“销项”，并以工程联系单、监理通知单、专项会议纪要、停工令等方式及时发给施工单位，并抄送建设单位或主管部门。对接下来的工作持续关注，直至闭合。

根据持续检查发现的问题进行总结，发现问题趋势，及时与施工单位、建设单位沟通，增进现场各单位之间配合的紧密程度，达成共识，防微杜渐。

（三）项目互查

部门经理每月有计划地抽调检查项目以外的精干人员对部门内所属项目进行不通知的常态化检查，每2个月至少1次。对检查结果形成记录，并对可能出现的风险进行提醒，提出处理意见与建议，要求现场管理人员进行跟踪闭合管理。通过对各项目一定频率的摸底，了解所在部门各项目的实际情况，营造项目之间一定的竞争氛围，同时促进不同项目间的横向交流，避免项目自查过程中出现思维定式，对所查项目起到提醒与预控的效果。

（四）公司督查

公司每季度由安全领导小组成员作为组长，抽调公司各部门骨干力量形成检查小组，对全公司所有项目进行不通知、拉网式随机检查。其特点是范围广、检查项目数量多、动员迅速、组织力度大、检查强度大。

该检查具备考核检验性质：公司安全管理体系运行是否正常；检查出的问题是否进行闭环整改；部门互查有没有落到实处；现场与自查、互查记录是否相符；管理人员是否熟知现场情况；项目部在现场有没有发现问题；通知单、专题会议等具备代表性的管理行为是否履行等，最终根据检查结果给出检查结论：现场工作怎么样，部门管理是否到位。

公司检查具有评价工作表现的性质，直接与当月奖惩考核挂钩。同时也是对中心、质量安全部日常工作的检验。

（五）质量安全部日常检查

全覆盖性检查，检查结果实时上传公司OA系统。过程中听取现场各方意见，充分了解施工现场质量、安全、进度、合同管理、防疫、扬尘、人员工作态度等情况，并对发现的问题直接向质量安全领导小组组长汇报。

代表公司发整改通知单，规定整改时限。通过OA系统不仅抄送给公司还要下达至项目部。监督项目自查情况、部门

互查情况。对项目打分，每月评比。审核 OA 系统中问题整改的回复，给予结论“持续关注、已闭合、未整改到位”。

与现场施工方、建设方、本公司员工进行沟通，了解各方的情况和诉求。过滤、总结、提炼后向公司汇报，成为现场与公司及时沟通的桥梁。

三、跟踪反馈，安全管控检查全面闭合

所查问题必须闭合，并且限定时间，不得一拖再拖。要求提供影像资料，且通过互查、督查，质量安全部巡查逐级“回头看”等方式，确保项目不打马虎眼。每月安全领导小组会议对检查中发现的重要问题形成单独决议，列入会议纪要，下次会议时根据上次会议事项逐条销项。自查、互查、质量安全部检查、公司督查与 OA 系统联动闭合。

（一）项目自查

自查记录、通知单（或专题会议纪要）、整改回复三位一体，有检查必然要发现问题，有问题必须有通知单，有通知单必须在整改完成后有回复单，收到回复单以后进行现场复查，如问题确实已处理到位，监理工程师签字闭合。

（二）部门互查

2 个月一循环，先查每周项目自查“三联”是否到位，二查问题整改，三查上次检查发现的问题是否完结，四查提醒过的事项有没有预控好。部门容易了解现场大致状况，结合检查当日的实际情况很容易判断现场人员的工作状态，以及自查工作的扎实程度。

（三）质量安全部检查

全覆盖检查，检查结果实时上传公司 OA 系统，对发现的问题下达整改通知单，检查发现的问题和形成的结论通过 OA 系统不仅抄送给公司还要下达至项目部，并规定整改时限，系统上一目了然看到问题、整改时限、是否回复。

（四）公司督查

每月召开安全领导小组会议，研究处置公司存在的重大安全关切；每季度组织检查；对自查、互查进行核验；对督查结果进行通报；内部进行评比，并与当月考核工资挂钩。督查记录上传公司 OA 系统，由质量安全部跟踪闭合。

（五）案例

质量安全部在检查中发现某项目深基坑未按专家论证方案施工，发通知单，要求暂停该部位施工并同时上报公司，公司立即要求总监理工程师停工，进入二次论证流程，并在当月安全领导小组会议中明确，将该项目列入检查重点现场再次邀请专家进行现场论证，专家就实际情况给出修改意见，安全领导小组会议进行闭合。

四、精细管控，安全监理工作出成效

经过多年的坚持，在公司全体员工的不懈努力下，公司多个项目被评为安全生产标准化示范工地，上级主管部门多次对公司监理的项目组织观摩。这是社会对公司工作的认可，对于公司既是荣誉又是责任。

（一）资料信息系统化管理

公司投入大量人力、物力进行信息化管理，加速了信息资料在公司内部的流转，大大加强了施工现场与公司管理层之间的紧密联系，为管理和交流工作提供了坚实的基础。在此基础上，一线与后台的沟通更加顺畅，从而使精细化管理成为可能。

（二）安全信息系统化管理

安全信息化是公司信息化管理体系的突出体现。通过 OA 系统网络平台搭建的“全身神经系统”，真正做到了“全员管安全”，实现了一定程度上的“牵一发而动全身”——问题从“末端”直达“中枢”，同时又迅速地从“大脑”反馈回“末梢神经”。2021 年公司级督查查出安全隐患 212 条，部门互查查出安全隐患达 478 条，项目巡查安全隐患为 896 条。所有隐患均上传公司 OA 系统，并且由质量安全部督促整改落实，整改结果上传 OA 系统闭合。

（三）安全监理工作出成效

通过近 3 年的实践，以及公司安全管理体系的有效运行，公司所监项目安全隐患明显减少，监理行为基本到位。2020 年至今，公司相继中标扬州市广陵区、科技新城及市建筑安全监察站第三方安全专项服务，项目组充分发挥技术水平硬、工作责任心强、组织协调能力强的服务特点，认真执行验收规范标准，及时发现存在问题，有力协助了相关单位的安全监管工作，公司连续收到扬州市广陵区住房和城乡建设局的表扬信，公司的安全管理和服务得到了主管部门的高度认可和信任。近几年公司还多次荣获“扬州市建筑施工安全生产先进集体”“扬州市建筑施工扬尘污染政治先进集体”等表彰。

《中华人民共和国建筑法》《建筑工程安全生产管理条例》中明确指出：工程监理单位和监理工程师应当按照法律法规和工程建设强制性标准实施监理，并对建设工程安全生产承担监理责任。监理安全工作任重而道远。公司愿与监理同行们共同努力，砥砺前行，在新形势下为监理行业的安全管控实践工作，寻找出一条适宜自身发展之路。

浅谈新形势下监理企业向全过程咨询转型升级的对策

秦拥军
山西华奥建设项目管理有限公司

一、背景

自1988年我国首次搞监理工作试点，1996年开始在全国建设领域全面推行工程监理制度以来，监理行业已经走过了30余年的历程。这一制度施行30年来，较好地弥补了建设工作只重视竣工质量，而不重视过程监管的问题，也为中国建筑行业走向世界，与发达国家的建设管理体制接轨摸索出了经验，走出了一条具有中国特色的监理之路。

但是，监理制度施行至今，也暴露了种种问题。“监理无用”“取消监理”等观点甚嚣尘上。同时，“甲方项目管理团队”“第三方飞检”等新模式也悄然兴起。监理行业处境尴尬，迫切需要与时俱进、转型升级。

2017年2月，国务院发布《关于促进建筑业持续健康发展的意见》(国办发〔2017〕19号)指出要培育全过程工程咨询。鼓励投资咨询、勘察、设计、监理、招标代理、造价等企业采取联合经营、并购重组等方式发展全过程工程咨询，培育一批具有国际水平的全过程咨询企业。

2018年9月住建部令第42号发布，删除了《建筑工程施工许可管理办法》中关于监理的要求。随后，全国多个省市发文明确：部分工程项目不再强制要求进行工程监理，由建设单位自管。

2020年4月，山西省住房和城乡建设厅发布《关于进一步完善房屋建筑和市政基础设施工程监理管理工作的通知》(晋建市字〔2020〕56号)，规定除了国家重点工程、投资额3000万元以上的公用事业工程、5万m^2以上的住宅工程和利用外国贷款及援助资金的工程以外的其他项目可不实行工程监理，而实行自我管理，由建设单位承担工程监理的法定责任和义务。同时推行多种监理模式：一是政府鼓励有条件的小型项目可以试行建筑师团队对施工质量进行指导和监督的新型管理模式；二是建设单位委托具有监理资质的工程咨询服务机构开展项目管理服务或全过程工程咨询服务的项目，在监理资质许可的范围内可不再委托监理。

不难看出，在紧锣密鼓出台的政策下，监理行业的改革大幕正在徐徐拉开。转型升级是监理企业不得不直面的紧迫要求，传统监理企业必须拓展监理业务范围，加快转型升级的步伐。

二、转型发展，乘势而上，向全过程咨询企业跨越

全过程工程咨询服务是指对建设项目全生命周期提供组织、管理、经济和技术等各有关方面的工程咨询服务。全过程工程咨询作为市场经济下的建设项目咨询模式，目的就是要解决工程咨询碎片化问题，提高委托方项目全生命周期决策的科学性、运行的有效性、组织实施的专业化和项目投资效益的最大化。

（一）重视人才，培养人才，打造专业技术人才团队

尽管现阶段全过程工程咨询行业作为一种新兴的服务模式，还没有被市场普遍接受，并且存在准入门槛限制，一般都要求开展全过程工程咨询服务的企业具备与所承担工程规模相符的设计、监理、造价咨询两项及以上的甲级资质。但是，全过程咨询为监理企业突破发展瓶颈、开始新的蓄势跃升提供了难得的历史机遇，公司员工应及早开始学习相关知识，到兄弟单位对标学习，研究相关理论，参加相应的培训，组织到政府试点项目去观摩，通过多渠道、多途径的学习，为全过程工程咨询业务的开展做好准备。

监理企业大多拥有数量不等的监理工程师、建造师、造价师、安全工程师等，应充分发挥现有的人才优势，结合现有人员的实践经验，形成理论与实践结合，优势互补的专业团队。

（二）集中要素，资源整合，重构重塑

让企业各类要素合理向全过程工程咨询集中流动。加快资源整合，通过企业并购、重组等形式，补齐资质短板，招贤纳士，充实自己的团队。

在咨询组织结构上进行变革和重整，改革组织形式，积极进行重塑。以立足监理主业为基础，在咨询服务内容上进行纵向叠加，从施工监理向前后两端延伸，做精、做专、做尖。将业务向工程前期和后期延伸，将范围拓展至项目咨询、招标代理、造价咨询、项目管理、现场监督等多元化的“菜单式”咨询服务。

同时，利用监理企业自身人才优势、资质优势，向“甲方项目管理团队”和“第三方飞检”等新领域进军。

三、将全过程咨询与监理业务相结合，做精做细，提升自身形象

（一）提升内力，塑造形象

在当前转型期的大环境下，监理人应练好内功、做精做细、自立自强，不断提高专业水平、丰富经验，是迎接未来，不被淘汰的基础。

公司要强化项目监理部的内部管理，令行禁止，责权统一。项目监理机构实行岗位责任制，责任落实到人。建立起以项目总监为主要责任人的层层岗位责任制，各级监理人员明确自身的权利和义务，各司其职、各尽其责。责任范围横向到边、竖向到底，既不重叠，也不空缺。

项目监理部的岗位职责、工作流程，以图牌形式上墙；监理资料要规范化、标准化，既要内容齐全有效，又要形式统一，包括资料档案盒及其编号都要整齐划一；监理人员要统一工作服，进入施工现场要配戴统一的安全帽。这些看似细枝末节的事情，对提升监理单位的形象，获得各方面的尊重和信任是大有益处的。

（二）提升监理工程师的管理协调能力

项目监理是一项需要团队协作的工作，作为监理工程师必须领导好、团结好、维护好自己的团队，充分调动每个监理人员的积极性、发挥出每个团队成员的潜力。能够知人善任、用人之长，善于抓住最佳时机，并能当机立断，坚决果断地处理问题。

监理要在沟通、协调、指导方面发挥出重要作用，积极作为，组织协调好参与工程建设各方的关系，使参建各方的能力最大程度地发挥，避免不必要的返工、停工、延误工期，取得建设单位的信任和认可。

在工程实施过程中，特别是点多、面广、战线长、工程复杂、技术含量高的工程，往往是多个单位工程、多家施工队伍平行、立体、交叉作业，就像是“多兵种联合作战”。这时候，更要求有懂技术、会管理、综合能力高的“多面手”。监理工程师作为合同各方的纽带和桥梁，起着承上启下、通联左右的作用，要协调好参建各方的关系。做好协调工作，在工作中能起到事半功倍的效果。

（三）监理工程师应经常学习，具备扎实的专业技术功底

监理工作专业性强，涉及建筑、结构、设备、施工技术、材料性能等诸多方面的专业知识。监理工程师除了具备建设工程监理的专业技术外，还要掌握与监理工作相关的多门知识，具有复合的知识结构。比如国家关于建设方面的政策法规、建设造价知识、组织管理方面的知识等。如果没有扎实的专业技术知识作后盾，在项目管理过程中遇到难题或新问题就会犹豫不决，无从下手，最终导致人力、物力上的浪费，甚至造成不必要的损失。

同时，社会发展日新月异，科学技术不断进步，涌现出了大量的新型材料和设备。一个优秀的监理工程师应当与时俱进，及时了解新信息、新知识、新工艺，熟悉新规范、新标准。

监理工程师应当经常学习、积累经验。只有具有丰富的实践经验和阅历，见多识广，才能在工作中游刃有余，抓住重点、抓出效果，防范风险，解决实际问题。

四、监理工作中，做好事前、事中、事后三个阶段的管理

实行全过程工程咨询后，仍然需要监理工程师在工地现场把建设项目管理的各项工作落地、落实。

（一）做好事前控制，防患于未然

每个分部分项工程施工前，要吃透图纸，把设计内容、施工工艺、质量要求了然于胸。对发现图纸中存在的错、漏、碰、缺问题，通过建设单位主动同设计单位联系，及时将图纸缺陷消灭在萌芽状态。

对于施工单位提交的施工方案，应审查其方案是否可行、是否结合了本工程特点、是否具有针对性和可操作性。很多施工单位编制的方案存在水平不高、深度不够、互相抄袭等问题，监理必须加强审查，提出中肯意见，使其更加完善、更加切实可行和具有指导意义。

监理单位也要及时编制出有指导性的《监理规划》和详细、具体的《监理实施细则》，明确监理工作的流程、控制要点、目标值和具体方法、具体措施，做到规划和细则真正能够指导具体的监理业务，确保各项监理工作都能按规范按程序进行。

（二）做好事中控制，及时消除风险

监理过程中，做好巡视、旁站、平行检验。巡视、旁站、平行检验是监理质量控制和安全管理的重要环节，是发现问题、解决问题、改进方法的重要环节。

通过巡视旁站，能及时发现操作是否规范、自检是否到位、实体质量是否合格、现场质量管理体系是否有效、质量管理是否存在盲区和薄弱环节，并采取措施加以纠正，把质量缺陷、质量隐患消灭在萌芽状态。这个环节的监理工作是否到位是监理能否有效控制质量的关键。要把握好这个环节，必须完善制度、压实责任。在巡视方面，总监至少每周对工地进行 1 次全面巡视检查，专监每天都要对分管的工作面进行全面巡视检查。

在日常工作中，总监、专监发现的问题和隐患要及时向施工单位下监理通知单，要求施工方限期整改并做出书面回复。项目总监要定期主持召开工地例会，对上个例会周期发生的问题详细梳理一遍，核对是否整改完成，对下一个例会周期的施工计划要求施工方制定消除类似问题再次发生的对策。

（三）做好事后控制，守住最后一道防线

验收签认环节属于事后控制。验收签认环节是监理质量控制的最后一道防线，是对质量的最终把关，是监理工程师行使监理“权力”的根本保证。

监理人员要把好关，但也不能代替施工方的自检。有的施工项目质量员形同虚设，把监理当成他们的质量员，在施工完某工序后不经过自检就通知监理人员验收，致使出现问题后责任划分不清。同时也造成了施工方的依赖心理和用包袱心理。所以监理应要求施工方自检合格后再报监理验收。

原材料质量是保证工程质量的基础和前提，如果原材料本身质量不合格，那么工程成品质量也会不合格。监理人员必须把好原材料进场关，对进场原材料构配件的规格型号品牌质量一一核对，未经过监理验收的原材料和构件绝对不准用到工程上。

对关键工序，如地基处理、钢筋隐蔽、混凝土浇筑质量、防水等的验收，必须亲力亲为，实测实量，而且要铁面无私，验收不通过就不能进入下一道工序。这是监理把关的最后一道防线。

结语

海阔凭鱼跃，天高任鸟飞。监理行业改革的号角已经吹响，监理行业改革的大幕正在徐徐拉开。转型升级是监理企业的迫切要求，拓展监理业务范围、加快转型升级的步伐是监理企业的必由之路。

时不我待，只争朝夕，监理人应练好内功、做精做细、自立自强，不断提高专业水平、不断丰富经验，才能迎接未来，不被时代淘汰。不久的将来，随着市场的日渐成熟，国家配套政策的逐渐完善，全过程工程咨询企业必将迎来更加广阔的发展前景。

基于BIM技术全过程项目管理监理模式的探讨

冯云青
山西协诚建设工程项目管理有限公司

当前我国实行的建设工程监理仍然以施工阶段监理为主。随着项目法人责任制的不断完善，建设单位对工程投资效益越加重视，对工程决策阶段的代表建设单位进行决策的监理需求也在增加。由此可见，只有实施全方位、全过程监理，才能更好地发挥建设工程监理的作用。

近年来，以数据信息为核心的 BIM 技术在工程全生命周期的应用优势显著，实现了工程项目分析模拟、三维可视化、二维出图、施工模拟，运维管理过程以效果图的展示及报表的生成等诸多功能，使项目设计、建造、运营过程中的沟通、讨论、决策都能在可视化的状态下进行。BIM 应用带动了建筑信息化升级，解决了传统建筑过程中常常出现信息壁垒、信息孤岛、专业协同性差等问题。

国内 BIM 技术应用环境逐渐成熟，监理在工作中掌握 BIM 应用技术，并应用 BIM 技术实现管理与协同，就能够更全面、系统地完成监理单位的监督职能，能够提高工程监理工作效率和质量，更好地协助建设单位解决复杂工程技术问题。下面主要从监理项目管理的角度阐述 BIM 技术在设计阶段、施工阶段的应用。

一、基于 BIM 技术工程设计阶段的项目管理

（一）设计阶段监理开展的项目管理工作

作为建筑工程的前端，在工程设计阶段工程监理开展的工作有：①提出设计要求；②组织评选设计方案；③协助选择设计单位，签订工程设计合同并监督合同的履行；④监督设计单位限额设计和优化设计；⑤审核设计是否符合规划要求；⑥能否满足业主提供的功能使用要求；⑦审核设计方案的技术经济指标合理性；⑧审核设计方案是否满足国家规定设计规范要求；⑨分析设计的施工可行性和经济性等。

（二）BIM 技术在设计阶段的主要应用

1. 三维设计：BIM 建立在平面二维设计的基础上实现三维协同设计，提供可视化思路，构建成一种三维的立体实物图形。

2. 建筑性能分析：运用 BIM 技术创建的虚拟建筑模型，将虚拟建筑模型导入建筑能耗分析软件中，可以自动地识别、转换并分析模型中包含的大量建筑数据信息，从而方便快捷地得到建筑能耗分析结果，以满足日益复杂的建筑功能要求。

3. 碰撞检查优化：通过专业设计人员密切配合完成建筑结构、给水排水、暖通、电气等多个学科的复杂体系，在施工前快速、准确、全面地检查出设计图中的错、漏、碰、缺问题，实现碰撞检查、空间检查、净高检查、规范检查；考虑保温层、门窗开启、楼梯碰头等碰撞；与土建、安装等算量软件共享模型，实现一次建模，多次应用，大幅度提升设计质量，减少施工中的返工现象。

基于 BIM 技术的设计阶段扩展到建筑全生命周期，需要规划、设计、施工、运营等各方的集体参与，将 BIM 集成的项目信息按照建筑性能分析信息、施工图深化设计信息、管线综合平衡设计信息进行分类存储和管理，方便各参与方查看。项目各参与方通过 BIM 信息协同系统，查看 BIM 设计模型中的相关设计信息，提早展开建筑分析的各项工作并提出相关建议。同时，建设方或受委托监理方可以通过 BIM 信息协同系统管理设计方，提高设计的水平和效率，为招标和施工打下良好的基础。

二、基于BIM技术工程建设施工阶段的项目管理

（一）施工阶段监理开展的项目管理工作

工程施工是形成建筑产品的实施阶段，施工质量的好坏决定建筑产品的优劣，所以这一阶段的监理至关重要。在工程施工阶段监理开展工作主要有：①施工招标阶段组织编制工程施工招标文件；②核查工程施工图预算标的及招标控制价；③做好施工图设计审查和施工图预算审查工作；④协助建设单位组织投标开标，评标活动；⑤向建设单位提出中标单位建议；⑥协助建设单位与中标单位签订工程施工合同书；⑦协助建设单位与承包单位编制开工申请报告；⑧查看工程项目建设，现场向施工单位办理移交手续；⑨审查确认承包商选择的分包单位；⑩审查承包商的施工组织设计和施工技术方案提出修改意见，下达单位工程施工开工令；⑪审查承包商提出建筑材料，建筑构配件和设备的采购清单；⑫检查工程使用材料，构件设备的规格和质量；⑬检查施工技术措施和安全防护设施；⑭主持协商建设单位、设计单位、施工单位、监理单位本身提出的设计变更；⑮监督施工工程施工合同的履行，主持协商合同条款的变更，调解合同双方的争议处理索赔事项；⑯核查完成的工程量，验收分部分项工程，签署工程付款凭证；⑰督促施工单位整理施工文件的归档准备工作；⑱参与工程竣工预验收，并签署监理意见；⑲向建设单位提交监理档案资料；⑳在规定的工程质量保修期限内，负责检查工程质量状况，组织界定质量问题，督促责任单位维修等。

（二）BIM技术在施工阶段的主要应用

在项目施工阶段，BIM施工模型可以模拟项目施工方案、展现项目施工进度、复核统计施工单位的工程量，并形成竣工模型交给业主辅助进行项目验收。同时，在施工阶段由于项目参与方数量较多，随着工程建设的开展，将产生各类合同、物资设备采购及使用记录、施工变更记录、施工进度分析等一系列文件。因此，在使用BIM信息协同系统时，为了方便项目各个参与方随时调用权限范围内的项目相关信息，有效避免因项目信息数据过多而造成信息数据获取不及时，应将BIM集成的项目信息按照施工方案模拟、施工工艺模拟、施工进度控制、施工成本控制、施工现场管理、竣工交付等进行分类存储和管理。目前，施工单位普遍认为利用BIM技术可以有效提高施工质量并控制返工率。

1. 施工方案模拟：借助BIM对施工组织的模拟，根据BIM设计模型、施工图及施工方案文档文件创建施工方案模型，并将投标方案、施工场地布置、现场运输、各专业分包协调等信息和模拟关联，项目管理方能够非常直观地了解整个施工安装环节的时间节点和安装工序，并清晰把握安装过程中的难点和要点，施工方也可以进一步对原有安装方案进行优化和改善，进行三维可视化指导施工与技术交底，以提高施工效率和施工方案的安全性（图1）。

2. 施工工艺模拟：在项目施工过程中，大型设备及构件安装、节点钢筋绑扎、模板工程等施工工艺可应用BIM技术进行相关模拟，记录了建筑物及构件和设备的所有信息，实现资产管理和物料跟踪。在施工工艺模拟BIM应用中，根据施工图、施工工艺说明及施工操作经验等创建BIM施工工艺模型，并将复杂钢筋节点、模板、安装吊装过程等信息与模型关联，进行相关模拟，输出指导模型、说明文档、视频等。

3. 施工进度控制：施工进度管理BIM应用可实现施工各阶段漫游，现场进度的原始数据，统计创建BIM进度计划模型，将实际信息附加或关联，模拟输出进度分析报告、季度调整报告、施工动态报告等，4D精确掌握施工进度，优化使用施工资源以及科学地进行场地布置，对整个工程的施工进度、资源和质量进行统一管理和控制，以缩短工期、降低成本、提高质量。

4. 施工成本控制。在项目施工过程中，施工预算、施工结算、合同管理、设备采购等工作，可应用BIM技术进行记录和分析。在施工成本管理BIM应用中，根据BIM施工模型实际成本数据，创建BIM成本管理模型，将实际的材料价格，签订设备采购的信息利用BIM进行模拟分析，统计和分析出的构件工程量信息、动态成本信息、施工预算信息、

图1 某实验楼BIM可视化设计

施工结算信息，大大减少了烦琐的人工操作和潜在错误。

5. 施工现场管理：在工程项目施工中，施工现场安全管理、质量管理、物料管理、文档与资料管理等工作可应用BIM技术进行相关记录和分析。在施工现场管理BIM应用中，根据BIM施工模型、施工现场的实际情况，创建BIM现场管理模型，将实际发生的安全检查、质量检查、物料管理、文档资料等信息与BIM现场管理模型关联并进行模拟分析，生成管理报告、质量管理报告、物料管理报告。

6. 竣工交付：通过BIM模型与施工过程记录信息的关联，能够实现包括隐蔽工程资料在内的竣工信息集成，不仅为后续的物业管理带来便利，并且可以在未来翻新、改造、扩建的过程中为业主及项目团队提供有效的历史信息。早期有研究对比了传统的竣工文档交付方式和利用BIM自动生成文档的方法，并推断未来将实现竣工文档交付全自动化。

此外，随着BIM技术在建筑设计施工阶段的应用，将设备供应商信息、日常巡检计划、维护措施等信息与BIM竣工模型关联起来，形成BIM运营规模，利用BIM模型实现设备的运维管理，将BIM运营规模作为建筑物日常运营管理的平台，提高了管理效率，降低了管理成本，大大减少了风险。

结语

BIM技术改善了传统的项目管理模式，越来越多的大型项目开始选择使用BIM技术这一平台，BIM注定会在不久的将来成为建筑设计的主流，成为建筑企业项目精细化管理、企业集约化管理、信息化管理不可或缺的数据支撑与技术支持。

当前监理行业正面临转型阶段，全方位全过程监理企业较少，一方面是我国建设工程监理从业人员的素质还不能与之相适应，迫切需要提高，另一方面是工程建设领域的新技术、新工艺、新材料层出不穷，工程技术标准规范规程也时有更新，信息技术日新月异，都要求建设工程监理从业人员与时俱进，不断提高自身的业务素质和职业道德素质。从业人员的素质是整个工程监理行业发展的基础，只有培养和造就出大批高素质的监理人员，才能形成相当数量的高素质的工程监理企业，才能提高我国建设工程监理的总体水平，推动建设工程监理事业更好、更快发展。

因此，监理企业只有以BIM技术为契机提高监理人员的整体素质，培养并留住人才，才能在监理行业激烈的竞争中异军突起，较快适应建设行业的新变化，充分发挥监理团队的优势，更好地为业主服务。

参考文献

[1] 许可，银利军．建筑工程BIM管理技术[M]. 北京：中国电力出版社，2017：35-38.
[2] 张豫，殷勇，孟艳．建设工程监理概论[M]. 北京：北京理工大学出版社，2015：66-67.

浅谈EPC总承包模式下的造价控制

薛 军 韩淑媛 宋士学
青岛建设监理研究有限公司

摘 要：EPC模式是目前国内较流行的一种工程总承包模式，对质量、造价、进度三大目标的控制提出了全新的要求，尤其造价控制是该模式下工程管理的重点和难点，需要认真研究。本文结合EPC模式下工程管理的一些体会，谈谈EPC总承包的造价控制问题，以供参考。

关键词：EPC工程总承包；造价控制；全过程

EPC工程总承包模式（设计—采购—施工总承包），是总承包商按照合同约定完成工程设计（有时也会包括工程勘察和可行性研究）、材料设备采购、施工、试运行服务等工作，实现了设计、采购、施工各阶段工作合理交叉与紧密融合，并对工程的进度、质量、造价和安全全面负责的项目管理模式。该模式主要应用于设计、采购、施工、试运行之间交叉协调难度大、承包人拥有专利或者专有技术、业主方缺少此类项目管理经验的工程。EPC模式侧重承包商的全过程组织实施，不仅能使整个工程项目的设计和施工实现较好的结合，而且能够有效地控制工程造价，缩短建设工程周期，在一定程度上降低建设单位的投资风险。但在某些项目的EPC实施过程中，建设单位为了片面地追求“时髦”或者为了减轻责任，前期工作不扎实，论证不充分，合同条款不细致、不明确，只是简单地采用EPC模式发包，造成后期实施过程中管理协调难度大，“扯皮”多，没有达到EPC模式的预期目的和效果，甚至会适得其反。

一、EPC模式下的发承包方式对造价控制的影响

EPC模式是一个大的工程总承包概念，具体实施起来，发承包方式不尽相同。有的项目采用初步设计前的总承包模式，即建设单位将工程的勘察、初步设计、施工图设计、采购、施工、试运行等内容一并发包给具备相应资质的总承包单位（或联合体）；有的采用初步设计后的总承包模式，即建设单位将工程的勘察、初步设计单独发包给具备资质的勘察设计单位，而将施工图设计、采购和施工发包给具备相应资质的总承包单位（或联合体）。笔者认为，有条件的话最好采用初步设计后的EPC模式，即建设单位将工程的勘察、初步设计单独发包，将施工图设计、采购、施工等内容发包给工程总承包单位。这样，虽然在工程前期阶段建设单位的工作量大一些，开工时间会晚一些，但是更有利于造价控制，减少发承包单位双方的风险，特别是在后期施工图设计和工程施工过程中建设单位能够掌握更多的主动权，有利于建设单位对工程实施的管控，正所谓“磨刀不误砍柴工”。反之，如果将工程的勘察、初步设计都纳入EPC总承包范围，投标单位无法在投标前获取准确的地质资料，涉及地下部分的设计方案和工程量难以准确估计，后期变动可能较大，不利于造价控制；而且初步设计由总承包单位负责，主动权掌握在施工单位手里，建设单位的工作有时会很被动。

二、设计阶段的造价控制

（一）严格按程序进行各阶段设计

专业复杂或投资规模较大的项目在设计阶段应按初步设计和施工图设计的程序进行。有的EPC项目，建设单位要求总承包单位不做初步设计而直接进行施工图设计，看似省事，但如果施工图深度不够或问题太多，施工过程中变更较多，不利于造价控制。特别是有的项目边设计、边施工，一旦设计存在某些原则性错误，而施工到一定阶段后才暴露出来，将处于骑虎难下的局面，造成无法挽回的损失。

（二）初步设计阶段的造价控制

初步设计阶段的造价控制是整个项目实施过程中投资控制的重点，不论初步设计由建设单位单独发包或发包给总承包单位实施，都应将初步设计阶段的造价控制作为重点来把控。

1. 初步设计的深度和质量应达到要求。初步设计的深度一定要达到编制概算和组织招标投标的要求，深度越细，造价指标偏差越小，越有利于造价控制。初步设计的质量越高，后期施工图设计和施工阶段的工程变更越少，发生费用索赔或“扯皮”的事情就越少，越有利于造价控制。

2. 初步设计审查。初步设计完成后，建设单位要委托具有相应资质的设计单位进行审查，并组织有关方面的专家和使用管理单位的专业人员参与审查，使设计在不违反法规规范强制性条文的基础上更接近实用。

3. 初步设计阶段应严格实行限额设计。初步设计单位应同时提交初步设计概算，建设单位可委托第三方造价咨询单位对初步设计概算进行审核，初步设计概算应严格控制在批准的投资限额内。

（三）施工图设计阶段的造价控制

EPC总承包模式下的施工图设计都是由工程总承包单位组织实施。该阶段造价控制应重点把控以下几点：

1. 实行限额设计。施工图预算应控制在初步设计概算之内，不能突破。

2. 施工图设计审查。总承包单位施工图设计完成后，要报建设单位组织审查。目前施工图设计审查单位把审查的重点放在是否满足国家有关强制性规范方面，而对工程的实际使用功能和设计的合理性、经济性以及各专业之间的协调性有时考虑得不够全面。因此，建议建设单位在按法定程序委托施工图外审的同时，也应组织有关专家、使用（运营）和管理单位进行审查，并尽可能将施工前的图纸会审提前到施工图审查阶段（EPC模式下总承包单位有条件提前组织施工技术人员参与施工图审查或提前组织施工图纸会审）。

3. 预算定案。总承包单位应根据施工图设计做出详细的工程量清单预算，报建设单位组织审核确认。

三、招投标阶段的造价控制

建设单位应加强EPC总承包项目招标投标工作，有效控制工程造价。

（一）编制技术规格书。根据初步设计文件，建设单位应组织设计单位编制详细的技术规格书，包括主要材料，设备的规格、型号、性能指标和技术要求，技术规格书编制的内容越全、越详细，越有利于造价控制和实施阶段的管理。技术规格书应作为招标文件的重要组成部分，要求投标单位完全响应。

（二）编制详细的总承包合同条件，尤其是专用条款，为确定中标单位后合同的谈判和签订创造条件。

（三）编制好招投标文件。有的建设单位或委托的招标代理机构编制的招标文件质量不高，一些关键性内容不明确、不具体，甚至存在歧义或前后矛盾，为评标工作留下隐患。对于大型工程项目，建议招标前组织专家对招标文件进行评审。

（四）招标选择实力强的总承包单位，包括设计单位和施工单位。有的总承包单位或者联合体投标的设计单位实力较差，技术力量薄弱，设计图纸质量较差或深度达不到要求，后期服务也跟不上。因此招标时对设计单位的条件设置和要求更为重要，必要的话可组织对设计单位进行实地考察。对于工程总承包单位，应选择技术力量和经济实力雄厚、抵抗风险能力强的企业。

（五）选择合适的评审办法。EPC总承包模式发包一般采用概算下浮招标，不编制工程量清单，按照批复的初步设计概算总额进行下浮招标。评标办法宜优先采用综合评估法。在合理低价的基础上，充分考虑投标单位的社会信誉、资质情况、施工能力、设备状况、业绩等条件和所占权重。

四、工程总承包合同的造价控制

工程总承包合同是工程建设项目实施管理和造价控制的根本性文件依据，合同的洽商、签订和履行都非常重要。对涉及工程造价的内容，应重点把握以下几点：

（一）EPC合同价款确定方式。根据工程规模，合理选用总价合同或单价合同模式。合同中要约定合理的且双方都能接受的价款结算和调价方法，本着互利共赢的原则处理双方的合同关系。建设单位应充分预留准备金并有可靠的资金渠道，避免因各种原因造成资金不足，导致项目建设严重拖期。

（二）工程变更。设计变更是工程施工中经常发生的，合同中要对设计变更的审批程序和价款结算方式做出明确约定。设计变更以外的其他变更，如建设单位要求的材料变更等，合同中也要做出明确约定。

（三）材料、设备价格调整。合同中对主要材料、设备、辅助材料市场价格的变动情况，是否调整应做出明确约定。

（四）工程检测费用。对于常规检测项目，检测费用已经包含在工程预算造价中；而特殊检测项目，如桩基检测、消防检测、室内环境检测、避雷检测、结构实体检测、外墙保温检测、防火涂料检测、外墙（窗）淋水试验等费用没有包含在预算之内，检测单位的选定及费用承担应在合同中予以明确。

（五）工程质量违约罚款。对因施工单位原因或非施工单位原因造成的材料和工程施工质量验收不合格、不按程序报验等情况，应分清责任并约定违约处罚，不仅便于加强施工过程的管控，同时也有利于造价控制。

（六）工期延误（提前）处罚（奖励）。对按合同约定工期提前完工或工期延误的，应做出奖励或延期罚款等约定。

五、材料、设备采购的造价控制

设备、材料费用约占工程总承包价格的 50%~60%，设备、材料的采购成本对工程造价控制起着关键性作用。

（一）EPC 模式中，材料和通用设备的采购一般由总承包单位负责，而专业设备应由建设单位独立采购（也可委托总承包单位采购）。

（二）对于由总承包单位负责采购的设备、主要材料，应在技术规格书或合同中对设备，主要材料的规格、型号、性能指标、质量档次等做出明确约定，甚至对市场占有率、售后服务等也要做出要求。设备采购可以约定从几个同档次品牌中采购。监理（建设）单位应对总承包单位的设备、主要材料采购过程进行监督。

（三）EPC 总承包单位应当建立起长期合作的供应商体系。合作供应商根据长期合同，能够向 EPC 总承包单位提供优惠价格的设备物资，并能优先提供保障和技术咨询服务，总承包单位既能降低采购成本，又能保证工程顺利实施。

（四）建设单位负责采购的材料、设备应通过招标方式进行采购。

六、项目施工阶段的造价控制

施工阶段的造价控制是实施建设项目全过程造价控制的重要组成部分，采取有效措施加强施工阶段的造价控制，对管好用好资金，提高投资效益有着重要意义。

（一）应结合工程项目的规模、特点，人、料、机供应，运输情况，以及工期，地质、气候等条件，对施工单位编制的施工组织设计进行优化。

（二）开工前应组织图纸会审，及时发现并解决图纸中存在的问题。

（三）按合同约定及时拨付工程进度款，严格工程量计量，避免超进度付款。

（四）严格执行合同，加强施工过程中的造价控制。严格控制工程变更，无特殊情况尽量不要变更，确需变更的应严格按程序进行并完善有关手续；严格工程计量和签证，对因建设单位原因造成的工程变更或需要按实结算的工程量，应完善计量签证手续并留存必要的影像资料；严格执行合同条款，对违反合同约定的，应严格按合同约定进行违约金处罚，并从进度款中扣除；施工过程中，尽量避免费用索赔事项。

结语

推行 EPC 总承包模式的初衷是为了发挥总承包方的技术优势和管理优势，提高建设效率，降低建设单位投资风险，缩短建设周期。但如果组织管理不善，缺乏 EPC 总承包模式的管理经验，就不能发挥 EPC 模式的优势，甚至不能实现项目建设的预期目标。在 EPC 模式下，造价控制的关键是初步设计质量、技术规格书编制、合同签订，以及主要设备、材料的采购和定价等环节，应重点进行把控。

参考文献

[1] 乔亚男，白皓．某 EPC 项目现场签证审核管理与反思 [J]. 建设监理，2018（6）：37–39.

大数据时代提升工程监理定位的思考

朱序来
永明项目管理公司

摘　要：人类社会已进入了第四次工业革命及智能化革命工业时代，我国正在实施的“十四五”规划的主题是数字中国与智慧社会建设，产业数字化、数字产业化已成为我国当今社会各行各业发展的主旋律。在此大背景下，研究工程监理定位并纠正定位的偏离，对充分发挥工程监理在工程建设中的重要地位和作用，确保我国规模和数量庞大的建设工程的质量安全和中国式现代的高质量发展，实现中华民族的伟大复兴，都具有十分重要的意义。本文就大数据时代，工程监理定位与造成工程监理定位偏离的主要因素，监理企业如何通过信息化建设与数字化监管，纠正和提升监理定位等相关问题，谈一些个人浅见，仅供参考。

关键词：大数据时代；工程监理；定位

一、工程监理定位及造成定位偏离的因素

作为建设工程五大责任主体之一的工程监理，能否在工程建设过程中发挥建筑法赋予的定位和职责；各级政府主管部门对监理的认识、定位科学与否，职能清晰与否，取费标准合理与否，监督机制作用发挥得如何等，都将影响监理的定位和职责的实现。

（一）建筑法对工程监理的定位

《中华人民共和国建筑法》第三十二条明确将建筑工程监理定位为：代表建设单位，对施工单位在施工质量、建设工期和建设资金使用等方面实施监督。

这是我国对工程监理最权威的定位，在《建筑法》没有修改之前，任何组织和个人都无权篡改。

（二）开展工程监理工作的依据

一是国家《建筑法》；二是国家工程建设相关标准与规范、监理标准与相关技术规范；三是依法通过招标投标确定的设计单位出具的设计文件与标准；四是通过法律程序确定的工程承包单位与工程承包合同；五是通过法律程序确定的工程监理单位和监理合同。

（三）工程监理的具体工作定位

根据上述监理定位与监理工作依据，监理单位经依法招标投标并签订监理合同后，通过“三控、两管、一协调、一履行”（质量、造价、进度控制，合同、资料管理，参建各方的协调、履行监理安全职责），对建设工程进行全过程监督与管理，包括建设工程安全与质量、成本与进度、环境与污染防治等，均能按照国家工程建设标准要求、设计文件标准、工程承包标准要求、监理合同标准要求，按时高质量完成工程建设任务。

（四）造成监理定位偏离的因素

1. 各级行政主管部门认识模糊，导致监理定位偏离。地方各级行政管理部门法律意识不强，对监理工作的重要性认识不足，导致对监理的认识模糊、定位偏离、职能缺失。

2. 市场建设主体因素，导致监理定位偏离。目前我国正处于高速平稳发展期，工程建设规模大数量多，一些建设用地拍卖大多由开发商拍得并建设，导

致监理业务来源于开发商，开发商认为聘请监理后，监理人员就应该按照他们的意愿和要求去开展工作，监理稍有不从就撤换监理人员甚至取消监理业务，致使监理人员很难履行监理职责。

3. 国家取消监理取费标准，导致监理定位偏离。《国家发展改革委关于进一步放开建设项目专业服务价格的通知》（发改价格〔2015〕299号）全面放开建设工程服务价格，实行市场调节价，原发改委、住建部《关于印发〈建设工程监理与相关服务收费管理规定〉的通知》（发改价格〔2007〕670号）作废，很多地方和行业实行最低价中标，致使监理企业无法为自己准确定位，行使职能。

4. 监理企业自身造成的定位偏离。有的监理企业，为了迎合建设方和施工方而降低自己的成本，放弃作为监理应有的定位和职责，睁一只眼闭一只，造成监理定位的偏离。

（五）现阶段提升工程监理定位的意义

1. 高速发展的中国，带来了建设工程的井喷式发展，要求工程监理工作只能加强，不能减弱。

2. 工程建设项目均是事关国家和亿万人民群众安危的基础设施、公共设施、交通设施、民生工程，建设过程中监理定位是否准确、监理职责能否有效发挥，决定着工程的质量安全，事关人民群众的安危。

3. 针对工程监理现状，《国务院办公厅转发住房城乡建设部关于完善质量保障体系提升建筑工程品质指导意见的通知》（国办函〔2019〕92号）指出，强化政府对工程建设全过程的质量监管，探索工程监理企业参与监管模式，决定开展政府购买监理巡查服务试点，监理巡查服务是以加强工程重大风险控制为主线，采用巡查、抽检等方式，针对建设项目重要部位、关键风险点，抽查工程参建各方履行质量安全责任情况，发现存在的违法、违规行为，并对发现的质量安全隐患提出处置建议。

其主要服务内容包括：市场主体合法、合约有效性识别；危险性较大的分部分项工程巡查；特种设备及关键部位监测、检测；项目竣工环节巡查或抽检等。至此，我国工程监理定位更加清晰。

4. 监理定位应回归《建筑法》和相关条例，政府行政管理部门应行使法律授予的权利，不得用地方行政部门文件来代替法律法规，更不能随意出台办法或通知，妨碍监理企业发挥监理作用。

5. 监理企业要承担起法律赋予自己的定位和责任，增强法律意识、责任意识、监理意识，加强企业管理，切实履行好监理企业“三控、两管、一协调、一履行”的职责。维护监理企业合法权益，促进监理行业健康发展，赢得社会的尊重与信任。

6. 大数据时代，工程监理正在向全过程咨询服务转型升级，监理企业只有紧跟形势、认清定位、明确职责、转变观念、有所作为，改变传统监理方式，积极引进数字化监理新技术、新手段，全面提升监理工作效能和业主方以及社会的认可度，才能在我国规模庞大的建筑市场，赢得监理应有的定位和价值。

二、如何通过数字化提升监理定位

进入大数据时代，各行各业都在实现数字化转型升级，即实现组织模式的转型、经营模式的转型、管理模式的转型、服务模式的转型，达到全体人员素质和能力的提升、工作和经营业绩的提升、管理和服务水平的提升、单位综合实力的提升等目的。工程监理企业也是同样，只有通过数字化技术的全方位应用、全天候管控、全过程留痕，才能提升监理定位，承担起监理“三控、两管、一协调、一履行”的具体职责，为工程建设的质量安全保驾护航。

（一）工程监理实现数字化是必由之路

1. 人类社会已经进入了智能化时代，我国“十四五”规划的主题就是数字中国和智慧社会建设，数字产业化、产业数字化已成为我国当今社会的主旋律。

2. 我国改革开放40多年来，以基础设施、公共设施、房屋建筑为主的老基建建设还将持续大规模进行，同时，投资规模更大、建设周期更长的以大数据、云计算、智能物联、区块链、人工智能、新能源、城市轨道交通、智慧城乡建设等为主要内容的新基建，已全面拉开了序幕。

3. 为中国改革开放和现代化建设做出巨大贡献的工程建设大军包括工程监理企业，正在由传统管理与服务模式向数字化管理与服务模式转变。

4. 实现了数字化转型升级的监理企业，其工作效率与业绩的提升、企业规模与业务量的扩大，必将彻底改变监理行业的现状，将会无情而大量地淘汰思想僵化、模式守旧、效率低下的监理企业和监理人员。

5. 与趋势同行方可与未来共舞，无数事实充分证明，监理企业实现信息化管理与智慧化服务，已成为监理企业生存发展的必经之路和唯一出路。

（二）提升监理定位应做好的几项工作

1. 实现思想转型。监理行业、监理企业特别是主要领导，要从根本上认识到数字化对落地、提升监理定位的重要性，打破传统思维与经营模式，实现数字化转型升级是新时代监理企业生存发展的必经之路，未来监理企业和从业人员的数量大幅减少是必然结果。理念决定行为、行为决定结果，要实现企业的全方位数字化转型，各级管理者特别是一把手必须首先实现理念的转型。只要思想认识到位、方式方法得当，困扰企业的信息化建设与数字化转型升级的问题就会迎刃而解。

2. 建立健全组织机构。实践证明企业信息化建设与数字化转型升级应该成为一把手工程，成立以一把手为核心领导的信息化领导小组或委员会并做到六个明确：全员工作分工明确、所有岗位职责明确、各项工作标准明确、管理与业务流程明确、绩效考核标准明确、奖励处罚标准明确，才能组织实施好信息化建设与数字化转型升级这项艰巨任务。

3. 制定数字化转型战略。企业数字化转型升级是决定企业生死存亡的大事，企业要运筹帷幄、权衡利弊、扬长避短、科学制定转型战略。战略的主要内容：一是切合企业实际的目标，二是科学实施路径与方法，三是数字化转型商业模式，四是转型人才与制度保障。

4. 选择数字化转型商业模式。数字化转型商业模式科学与否，对企业能否转型成功同样非常重要。目前企业数字化转型升级的商业模式共有如下几种：一是组建团队自主研发，二是向软件开发商定制，三是联合开发软件，四是选购成熟商业软件，五是企业整体业务外包。企业应充分考虑内外环境和因素，结合实际制定科学合理、切合企业自身实际的信息化建设与数字化转型升级商业模式。

5. 做好四个再造、达到八个匹配。企业数字化转型升级是一个系统工程，既要有切合企业实际、科学合理的战略和商业模式，还要做好企业的四个再造：一是组织与制度的优化与再造，二是标准与流程的优化与再造，三是业务与管理的优化与再造，四是方式与方法的优化与再造。通过四个再造达到八个匹配：一是战略与系统匹配，二是组织与系统匹配，三是人才与系统匹配，四是制度与系统匹配，五是管理与系统匹配，六是标准与系统匹配，七是流程与系统匹配，八是文化与系统匹配。最终使企业制度与管理、标准与流程、组织与战略、人才与培训等，完全与软件系统融合与匹配，实现转型升级。

6. 制定数字化转型标准。任何工作如果没有标准，都很难取得良好效果。信息化建设与数字化转型升级是决定监理企业生死存亡的一项系统工程，制定一套科学合理、切合企业自身实际的信息化建设与数字化转型升级工作标准，同样十分重要。监理企业信息化建设与数字化转型升级工作标准可概括为以下三个方面：一是建设标准，二是应用标准，三是评价标准。建设标准解决如何建设的问题，应用标准解决如何应用的问题，评价标准解决建设得怎么样、应用得怎么样，以及找到没有建设好和没有应用好的原因。

7. 狠抓培训，做到四会。数字化系统是软件和工具，再好的系统和工具不会用、用不好则一切等于零，培训四会的具体内容：一是全体人员会熟练操作使用信息化系统；二是领导会用信息化系统管理企业，项目人员会用信息化系统管控项目；三是全员会对外讲解介绍信息化系统及其应用效果；四是领导和市场人员会用信息化系统拓展市场，承揽更多优质业务。

8. 数字化平台与参建各方共享。在选择与开发软件平台时，要有工程建设参建各方（尤其是政府主管部门和建设方）共享接口与功能，并积极主动地将平台与接口和功能推荐给参建各方，教会他们正确熟练操作使用，使参建各方通过监理数字化平台的应用，真正体会到监理数字化管控与服务带来的好处和效果，认可监理企业的数字化平台以及应用给工程建设带来的诸多好处和效果，从源头上解决落地监理定位、提升监理地位的问题。

三、大数据时代的工程监理定位

（一）将偏离的监理定位纠正过来。充分利用大数据监理的诸多优势，将已经偏离的监理定位尽可能早地纠正过来，回归原有法律赋予监理的定位：受建设单位委托，监理单位代表建设单位对承包单位在施工安全、质量、进度和资金使用等方面实施监督与管理。

（二）对纠正与提升监理定位的几点建议

1. 国家相关部门应尽快出台更加科学合理的工程监理取费原则和标准，使监理取费有法可依、有据可查、科学合理、公平公正，监理企业有利可图、规范监理、健康发展。这是纠正已严重偏离工程监理定位的物质基础。

2. 国家相关部门应出台相关规定，把工程建设参建各方尤其是设计、施工、监理单位，有没有信息化管控与服务手段和业绩，作为投标入门条件或评价技术标的主要内容。这是大数据时代，纠正已严重偏离的工程监理定位，充分发挥监理的重要作用，也是确保工程建设安全质量的技术基础。

3. 国家相关部门应出台工程建设信息化管理与智慧化服务取费标准或指导原则。在工程立项时就设定信息化监理取费标准，解决监理企业信息化监理设施设备所需的资金问题，这是确保监理企业信息化管理、智慧化服务，落到实处的经济基础。

（三）提升监理定位，增加监理职能

随着大数据技术在监理领域、监理工作中的不断应用、效果的不断显现，可在《建筑法》赋予监理的定位和职责的基础上，拓宽或提升监理的定位与职责：

1. 为工程建设参建各方和政府主管部门，提供工程建设全过程、全天候、全方位、真实而不可篡改的可视化管理与服务信息。

2. 为工程建设参建各方和政府主管部门，提供远程移动、全天候、全方位、全过程的高效协同现代手段。

3. 为地方各级政府、智慧城市和智慧乡村建设与管理，提供大量而有价值的建设和管理数据。

结语

大数据时代纠正和提升偏离的工程监理定位，是确保我国工程建设质量安全的重要手段和有效措施，需要政府相关职能部门和工程建设参建各方，共同重视、多方联动，找到造成工程监理定位偏离的因素，修改完善、研究制定更加科学合理、切实可行的一整套法规、制度、标准、规范；加大力度形成合力，强力推进工程监理行业数字化转型升级，更好地发挥工程监理的作用，为中国现代化建设和中华民族的伟大复兴，贡献监理力量。

北京市建设监理协会
会长：李伟
CAREC
中国铁道工程建设协会
会长：麻京生
机械监理
中国建设监理协会机械分会
会长：李明安
京兴国际
JINGXING
京兴国际工程管理有限公司
董事长兼总经理：李强
北京兴电国际工程管理有限公司
董事长兼总经理：张铁明
北京五环国际工程管理有限公司
总经理：汪成
中国电建
POWERCHINA
咨询北京有限公司
BEIJING CONSULTING CORPORATION LIMITED
中国水利水电建设工程咨询北京有限公司
总经理：孙晓博
鑫诚建设监理咨询有限公司
董事长：严弟勇　总经理：张国明
CEEDI
北京希达工程管理咨询有限公司
总经理：黄强
CSIC
中船重工海鑫工程管理（北京）有限公司
总经理：姜艳秋
ECC
中咨工程管理咨询有限公司
总经理：鲁静
MCC
赛瑞斯咨询
北京赛瑞斯国际工程咨询有限公司
总经理：曹雪松
ZY
ZY GROUP
中建卓越
卓越二十二年
中建卓越建设管理有限公司
董事长：邬敏
天津市建设监理协会
理事长：郑立鑫
河北省建筑市场发展研究会
会长：蒋满科
监理
山西省建设监理协会
会长：苏锁成
NAECTB
宁波市建设监理与招投标咨询行业协会
会长：邵昌成
浙江华东工程咨询有限公司
党委书记、董事长：李海林
公诚管理咨询有限公司
Gongcheng Management Consulting Co., Ltd.
公诚管理咨询有限公司
党委书记、总经理：陈伟峰
PUHCA 帕克国际
北京帕克国际工程咨询股份有限公司
董事长：胡海林
FJAEC
福建省工程监理与项目管理协会
会长：林俊敏
广西大通建设监理咨询管理有限公司
董事长：莫细喜　总经理：甘耀域
同炎数智
INTELLIGENTTY
同炎数智（重庆）科技有限公司
董事长：汪洋
中汽智达（洛阳）建设工程咨询管理有限公司
AE Zhida (Luoyang) Construction Engineering Consulting Management Co., Ltd.
中汽智达（洛阳）建设
总经理：刘耀民
正元监理
晋中市正元建设监理有限公司
执行董事：赵陆军
SCSCA
山东省建设监理与咨询协会
理事长：徐友全
FZECSA
福州市全过程工程咨询与监理行业协会
理事长：饶舜
临汾方圆建设监理有限公司
总经理：耿雪梅
吉林梦溪工程管理有限公司
总经理：张惠兵
山西安宇建设监理有限公司
董事长兼总经理：孔永安
DBCM
大保建设管理有限公司
董事长：张建东　总经理：肖健
山西华太工程管理咨询有限公司
总经理：司志强
山西晋源昌盛建设项目管理有限公司
执行董事：魏亦红
上海振华工程咨询有限公司
Shanghai Zhenhua Engineering Consulting Co., Ltd.
上海振华工程咨询有限公司
总经理：梁耀嘉
厦门海投建设咨询有限公司
党总支书记、执行董事、法定代表人兼总经理：蔡元发
FLOURISHING WORLD
盛世天行
山西盛世天行工程项目管理有限公司
董事长：马海英
武汉星宇建设工程监理有限公司
董事长兼总经理：史铁平
胜利监理
SHENGLI PROJECT MANAGEMENT
山东胜利建设监理股份有限公司
董事长兼总经理：艾万发
DBCM
山西亿鼎诚建设工程项目管理有限公司
董事长：贾宏铮
江苏建科建设监理有限公司
董事长：陈贵　总经理：吕所章
LCPM
连云港市建设监理有限公司
董事长兼总经理：谢永庆
山西卓越
SHANXI ZHUOYUE
山西卓越建设工程管理有限公司
总经理：张广斌
陕西华茂建设监理咨询有限公司
董事长：阎平
安徽省建设监理协会
会长：苗一平
合肥工大建设监理有限责任公司
总经理：王章虎
江南管理
浙江江南工程管理股份有限公司
董事长总经理：李建军
苏州市建设监理协会
会长：蔡东星　秘书长：翟东升
浙江嘉宇工程管理有限公司
ZHEJIANG JIAYU PROJECT MANAGEMENT CO.,LTD
浙江嘉宇工程管理有限公司
董事长：张建　总经理：卢甬
QSH
浙江省名商标
浙江求是工程咨询监理有限公司
董事长：晏海军
驿涛
ytxm.com
驿涛项目管理有限公司
董事长：叶华阳
永明项目管理有限公司
董事长：张平
河南省建设监理协会
河南省建设监理协会
会长：孙惠民

国机中兴
SZXEC
国机中兴工程咨询有限公司
执行董事：李振文
KUNLUN
昆仑监理
新疆昆仑工程咨询管理集团有限公司
总经理：曹志勇
清鸿咨询
河南清鸿建设咨询有限公司
董事长：徐育新
建基咨询
CCPM
建基工程咨询有限公司
总裁：黄春晓
河南省光大建设管理有限公司
董事长：郭芳州
方大咨询
FANGDA CONSULTING
方大国际工程咨询股份有限公司
董事长：李宗峰
长城咨询
河南长城铁路工程建设咨询有限公司
董事长：朱泽州
BECC
北京北咨工程管理有限公司
总经理：朱迎春
兴平管理
河南兴平工程管理有限公司
董事长兼总经理：艾护民
湖北省建设监理协会
湖北省建设监理协会
会长：刘治栋
武汉华胜工程建设科技有限公司
董事长：汪成庆
湖南省建设监理协会
常务副会长兼秘书长：田英
华春
华春建设工程项目管理有限责任公司
董事长：王莉
长顺管理
Changshun PM
湖南长顺项目管理有限公司
董事长：黄劲松　总经理：黄勇
广东省建设监理协会
会长：孙成
运城市金苑工程监理有限公司
董事长兼总经理：卢尚武
ZHENGZHOU UNIVERSITY
郑州大学建设科技集团有限公司
总经理：詹昌春
DPM
广东监理
广东工程建设监理有限公司
总经理：何文辉
广骏监理
广州广骏工程监理有限公司
总经理：施永强
中国节能
西安四方建设监理有限责任公司
董事长：杜鹏宇　总经理：周建新
重庆市建设监理协会
会长：雷开贵
CISDI 重庆赛迪工程咨询有限公司
Chongqing CISDI Engineering Consulting Co., Ltd.
重庆赛迪工程咨询有限公司
董事长兼总经理：冉鹏
重庆联盛建设项目管理有限公司
总经理：雷冬菁
TONGLI
同力项目管理
山东同力建设项目管理有限公司
党委书记、董事长：许继文
渝正信
重庆正信建设监理有限公司
董事长：程辉汉
重大林鸥
LINOU
重庆林鸥监理咨询有限公司
总经理：肖波
二滩国际
Ertan International
四川二滩国际工程咨询有限责任公司
董事长：李卫国
中国华西工程设计建设有限公司
CHINA HUAXI ENGINEERING DESIGN & CONSTRUCTION CO., LTD
中国华西工程设计建设有限公司
董事长：周华
云南省建设监理协会
云南省建设监理协会
会长：杨丽
XDPM
云南新迪建设咨询监理有限公司
董事长兼总经理：杨丽
国开
云南国开建设监理咨询有限公司
董事长兼总经理：黄平
GZJLXH
贵州省建设监理协会
会长：杨国华
贵州建工监理咨询有限公司
Guizhou Construction Supervision&Consulting Co., Ltd
贵州建工监理咨询有限公司
董事长：张勤　总经理：赵中
SANWEI
三维建设工程咨询有限公司
董事长：付涛　总经理：王伟星
高新监理
GAO XIN PROJECT MANAGEMENT
西安高新建设监理有限责任公司
董事长兼总经理：范中东
中国铁建
西安铁一院
工程咨询监理有限责任公司
西安铁一院工程咨询监理有限责任公司
总经理：杨南辉
PM
西安普迈项目管理有限公司
董事长：李三虎　总经理：景亚杰
科大管理
KEDA MANAGEMENT
内蒙古科大工程项目管理有限责任公司
董事长：乔开元
YMCC
城建咨询
云南城市建设工程咨询有限公司
董事长：杨家骏
HBZYCS
河北中原工程项目管理有限公司
董事长：王亚东
青岛东方监理有限公司
董事长：胡民　总经理：刘永峰
康立
KANL
康立时代建设集团有限公司
董事长：蒋增伙　总经理：鲜涛
山西辰丰达工程咨询有限公司
总经理：孙爱峰
九江市建设监理有限公司
董事长：郭冬生

安徽省建设监理协会

安徽省建设监理协会成立于1996年，是由在安徽省境内从事工程建设监理与全过程工程咨询业务的咨询服务业企业或在监理行业从业的人员以及在安徽省工程咨询行业从业人员及从事工程咨询行业管理、理论研究、教学等人员自愿结成的全省性、行业性、非营利性的社会团体，接受安徽省住房和城乡建设厅的业务领导和安徽省民政厅的登记管理。协会在中国建设监理协会、安徽省住房和城乡建设厅、安徽省社会组织管理局的关怀和帮助下，通过全体会员的共同努力，积极主动开展活动，在社会上形成了一定的影响力。协会现有会员单位950家，个人会员近16000人，理事116人，常务理事44人，会长、副会长、秘书长共20人，秘书处工作人员8人。会长（法定代表人）为苗一平。

成立26年来，协会坚持民主办会，做好双向服务，发挥助手参谋、桥梁纽带作用，紧密围绕"补短板、扩规模、强基础、树正气"开展工作。在促进建筑业高质量发展的新形势下，协会按照省住房城乡建设厅党组书记、厅长贺懋燮的讲话精神，积极对标对表"长三角"先进发达地区，主动寻找发展差距，同时加强与投资咨询、勘察设计、招标代理、造价咨询等行业及企业的联系，方便监理企业补足短板，均衡发展，引导监理企业向全过程工程咨询服务、政府购买监理巡查服务等方向转型发展；强调监理行业高质量发展，鼓励监理企业做大、做强，监理资质综合甲级企业由2016年的4家增加到现在的11家，专业甲级资质企业由2016年的92家增加到现在的201家，企业数量和产值每年均稳步增长；开展监理行业从业人员水平能力提升工程，组织各种形式的培训、讲座和论坛，加强对监理行业复合型人才的培养，帮助监理行业从业人员了解并掌握工程建设全过程的知识，为行业转型和企业发展储备人才；通过开展优秀会员的表扬活动以及行业自律建设工作，引导和激励监理企业规范经营，弘扬监理行业诚信守法的正能量，促进建设监理事业健康发展。

协会始终坚持党的领导，认真学习和贯彻党的二十大以及习近平系列讲话精神，以习近平新时代中国特色社会主义思想为指导，根据中国共产党章程的规定，设立中国共产党的组织，开展党的活动，为党组织的活动提供必要条件。协会多次参加由厅建筑市场监管处组织的多种形式的党建活动，坚持党建与业务工作两手抓、两不误，真正达到以党建促会建、以会建强党建的目的，推进协会工作健康有序发展，使协会真正成为党和政府的参谋助手，成为促进经济社会发展的重要力量与平台。特别是2021年6月16日，经批准正式成立协会党支部，为协会今后长期健康发展奠定方向基础。

2021年11月在协会的积极争取下，获安徽省住房城乡建设厅、安徽省总工会批准，开展了安徽省首届工程监理职业技能竞赛，鼓励广大监理从业人员提升个人能力，提高职业素养，在行业掀起学习热情，促使社会正确认识监理制度和发挥的作用。有来自16个市以及承揽海外项目的282家企业参加，吸引行业内6066名从业人员报名，带动行业内岗位练兵56000人次。本次监理技能竞赛为安徽首届、全国首创，创新融合BIM、VR等新技术，充分体现全过程工程咨询、政府购买巡查服务等新业态，引发了全行业、全社会关注，整体浏览量达到3000万次。竞赛取得圆满成功。应广大会员要求，协会目前正在积极争取开展2022年第二届工程监理技能竞赛，希望通过开展竞赛等形式，服务好会员，引领行业方向，促进行业转型，为企业赋能，将竞赛办成监理人的盛会。

2022年9月28日安徽省建设监理协会第六届会员代表大会顺利召开，这是在举国上下喜迎党的二十大之际召开的一次重要会议。会议的主题是：高举中国特色社会主义伟大旗帜，在迈入社会主义建设的新征程中，建设监理行业始终坚持创新发展、转型升级、诚信科学的理念，扬帆再启航，为实现中华民族伟大复兴的中国梦贡献建设监理的智慧和力量。中国建设监理协会会长王早生、安徽省住房和城乡建设厅建筑市场监管处二级调研员辛祥出席大会并讲话，安徽省建设监理行业会员代表、行业知名专家、媒体代表300余人参加了本次大会。会议选举产生了协会第六届会长、副会长、秘书长，明确了下一阶段发展方向和目标，为未来五年协会健康持续发展奠定良好基础。

（本页信息由安徽省建设监理协会提供）

2021年6月23日，中共安徽省建设监理协会党支部成立大会顺利召开，支部委员会正式成立

为庆祝中国共产党101年华诞，回顾党的光辉历程，中共安徽省建设监理协会党支部于6月26日赴安庆岳西鹞落坪开展党建活动

安徽省首届工程监理职业技能竞赛比赛现场

安徽省首届工程监理职业技能竞赛开幕式

安徽省建设监理协会第六届会员代表大会现场

安徽省建设监理协会第六届会员代表大会无记名投票现场

海沧疏港通道工程监理 J1 标段

成都市四川大学华西第二医院锦江院区一期工程建设项目

成都市凤凰山公园改造一期工程

成都天府国际机场旅客过夜用房工程

湖州市新建太湖水厂工程

西藏德琴桑珠孜区 30MW 并网光伏发电项目

绵阳北川县北川地震纪念馆区、任家坪集镇建设及地址遗址保护工程项目（获“国家优质工程奖”）

成都市环城生态区生态修复综合项目（南片区）玉石湿地

内江高铁站前广场综合体项目工程（获“四川天府杯”）

温江皇冠假日与温泉智选假日酒店工程

漳州市厦漳同城大道第三标段（西溪主桥为 88+220m 扭背索斜独塔斜拉桥，为钢混结合梁桥）

中国华西工程设计建设有限公司

中国华西工程设计建设有限公司前身为中国华西工程设计建设总公司（集团），是 1987 年经国家计划委员会批准，四川、重庆等西部 22 家中央、省、市属设计院联合组成的大型咨询企业。2004 年 7 月经四川省人民政府批准进行整体改制，国家工商行政管理总局核准后在四川省工商行政管理局注册登记成立的混合所有制有限公司。

励精图治 30 余年，公司坚持“扎根天府，立足西部，面向全国，走出国门”的指导方针，积极开拓，创新发展，目前拥有四川省设计大师、青年优秀设计师、各类工程注册人员及中高级技术人员 1800 余人，年营业收入超 15 亿元，已发展为在行业内具有一定影响力的品牌企业。先后荣获国家市场监督管理总局“守合同、重信用单位”、中国建设监理创新发展 20 年工程监理先进企业、四川省十强工程监理企业、四川省勘察设计行业“一带一路”工作优秀单位、四川省对外经济合作显著成果奖、四川省“企业文化建设先进单位”、成都市“模范劳动关系和谐企业”“成都服务业百强企业”等众多荣誉。

公司拥有市政行业设计甲级，公路行业设计（公路、特大桥梁、特长隧道、交通工程）专业甲级，建筑行业（建筑工程）设计甲级，铁道行业设计乙级，风景园林工程设计专项乙级，工程勘察综合甲级，工程咨询单位甲级资信（公路、铁路及城市轨道交通、建筑、市政公用工程、生态建设和环境工程），工程监理综合资质、公路工程监理甲级，城乡规划乙级，地基基础工程专业承包二级，以及工程测绘、工程造价、工程检测等资质证书。

公司项目遍布祖国大江南北，服务范围包含工程咨询、工程设计、勘察、监理、检测等多个领域，先后获得省、部级国家优质工程奖、“鲁班奖”“詹天佑奖”、冶金行业优质工程奖、四川天府杯奖、工程勘察设计咨询“四优”奖、四川省优秀工程咨询成果奖等各种荣誉 200 余项。

公司主编和参与多项行业标准规范编写，取得多项发明专利、实用新型专利、软件著作权，积极推动技术研发中心、数据中心、院士工作站、试验检测中心、结算中心、总承包中心的建设，开展项目科研、技术创新，不断提升技术水平，成功迈进国家高新技术企业行列。

公司积极践行社会责任，参与抗震救灾、公益慈善，助力精准扶贫。坚持改革与发展同步，可持续与高质量并行，立志为构建和谐社会作出积极贡献，以澎湃的热血投身于实现中华民族伟大复兴的中国梦。

中国华西设计——描绘美好未来！

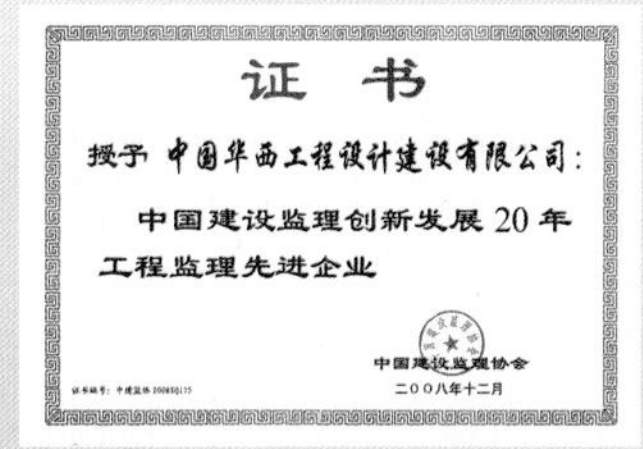

证　书

授予 中国华西工程设计建设有限公司：

中国建设监理创新发展 20 年工程监理先进企业

中国建设监理协会

二〇〇八年十二月

2008 年荣获中国建设监理协会创新发展 20 周年先进企业

中国华西工程设计建设有限公司

你单位工程监理的温江皇冠假日与温泉假日酒店工程　荣获 2018-2019 年度国家优质工程奖。

特发此证。

2018—2019 年度国家优质工程奖

证　书

授予：中国华西工程设计建设有限公司

2011-2012 年度中国工程监理行业先进工程监理企业

中国建设监理协会

2011—2012 年度中国工程监理行业先进工程监理企业

证　书

中国华西工程设计建设有限公司

你单位评为 2013-2014 年度中国建设监理行业先进监理企业

中国建设监理协会

二〇一四年十二月

2013—2014 年度中国建设监理行业先进监理企业

（本页信息由中国华西工程设计建设有限公司提供）

河北省建筑市场发展研究会

一、概况

河北省建筑市场发展研究会是在全面响应河北省建设事业“十一五”规划纲要的重大发展目标下，在河北省住房和城乡建设厅致力于成立一个具有学术研究和服务性质的社团组织愿景下，由原河北省建设工程项目管理协会重组改建成立，定名为“河北省建筑市场发展研究会”。2006年4月，经省民政厅批准，河北省建筑市场发展研究会正式成立。河北省建筑市场发展研究会接受河北省住房和城乡建设厅业务指导，河北省民政厅监督管理。

二、宗旨

以习近平新时代中国特色社会主义思想为指导，坚持党的全面领导，贯彻执行党和政府的有关方针政策，坚持以“为政府决策服务、为企业发展服务、为社会进步服务”为宗旨，充分发挥研究会的桥梁和纽带作用；维护会员的合法权益，加强行业自律，推动行业诚信建设，引导会员遵循“守法、诚信、公正、科学”职业准则，保障工程质量，提高投资效益，为国民经济建设作出应有贡献。

研究会遵守宪法、法律、法规和国家政策，践行社会主义核心价值观，遵守社会道德风尚，自觉加强诚信自律建设。

三、业务范围

以新发展理念为指引，积极研究探讨、宣传贯彻建筑市场创新改革和发展的理论、法律、法规、方针、政策。

（一）开展调查研究、分析建筑市场发展中存在的问题，提出培育、壮大、规范河北省建筑市场的意见、建议，并向政府有关部门报告。

（二）引导和推动企业面对新形势下的市场环境，建立现代企业制度，转变管理理念，创新经营方式，积极转型升级，推动“互联网+”、大数据、人工智能、数字化等新技术的建设与应用，促进企业持续健康发展。

（三）制定行业自律公约、职业道德准则等行规行约，建立健全行业自律机制，推进行业诚信建设，建立和完善行业内部信用信息采集、共享机制，建立会员信用档案。依法依规开展会员信用等级评价，督促会员守信合法经营、营造公平诚信市场环境。

（四）组织开展人才培训、业务交流、学习考察、研讨、学术交流、观摩交流、行业知识竞赛、技术竞赛等活动，不断提高行业整体素质。

（五）积极选树行业典型，及时总结推广先进经验和做法，不断提高企业经营管理水平和竞争力。

（六）参与行业地方标准的制定，开展团体标准的制定。

（七）积极推进全过程工程咨询，开展全过程工程咨询服务标准、规程或导则的研究工作。

（八）维护会员合法权益，提供政策咨询与法律咨询。

（九）在开展工程造价纠纷调解工作中提供专业服务。

（十）加强与国内外、省内外同行业组织的联系，开展行业发展、行业合作与交流，为会员搭建平台，鼓励和帮助企业拓展市场。

（十一）编辑出版《河北建筑市场研究》会刊、资料汇编、教材、指导性工具书籍，制作相关音像、影像资料；主办研究会网站和微信公众号。

（十二）加强行业党建和精神文明建设，积极探索企业党组织和本会党组织的新型关系，发挥党组织在行业发展中的作用；组织会员参与社会公益活动，履行社会责任。

（十三）承接政府及其管理部门授权或者委托的其他事项。

业务范围中属于法律法规规章规定须经批准的事项，依法经批准后开展。

四、会员

研究会会员分为单位会员、个人会员。

从事建筑活动的建设、勘察设计、施工、监理、造价等建筑市场各方主体，院校、科研机构等企事业单位，市级建筑行业社团组织，可以申请成为单位会员；

从事建筑活动的注册建造师、注册监理工程师、注册造价师等执业资格人员，或具有教授、副教授、研究员、副研究员、高级工程师、工程师等职称以及相关从业人员，可申请成为个人会员。

五、会员数量

单位会员 604 个，个人会员 24144 人。

六、秘书处

研究会常设机构为秘书处，下设四个部门：综合保障部、政策研究和信息部、监理部、造价部。

七、宣传平台

（一）河北省建筑市场发展研究会网站

（二）《河北建筑市场研究》

（三）河北建筑市场发展研究会微信公众号

八、助力脱贫攻坚

研究会党支部联合会员单位，2018 年助力河北省住房城乡建设厅保定市阜平县脱贫攻坚工作，为保定市阜平县史家寨中学筹集善款 11.8 万元，用于购买校服和体育器材；2019 年为保定市阜平县史家寨村筹集善款 15.55 万元，修建 1000m 左右防渗渠等基础设施，制作部分晋察冀边区政府和司令部旧址窑洞群导图、指示牌和标识标牌、购置脱贫攻坚必要办公用品。

九、众志成城共抗疫情

新冠肺炎疫情发生以来，河北省建筑市场发展研究会及党支部发出倡议书，研究会、党支部及员工，单位会员和个人会员第一时间作出响应，做好疫情防控的同时，发挥自身优势，多方筹措防控物资，捐款捐物。

十、荣誉

中国建设监理协会常务理事单位

2018 年度荣获中国社会组织评估 3A 等级社会组织

2018 年度荣获河北省民政厅助力脱贫攻坚先进单位

2019 年度荣获河北省民政厅助力脱贫攻坚突出贡献单位

2020 年度荣获“京津冀社会组织跟党走—助力脱贫攻坚行动”优秀单位

2020 年度荣获“社会组织参与新冠肺炎疫情防控”优秀单位

地　址：石家庄市靶场街 29 号
邮　编：050080
电　话：0311-83664095
邮　箱：hbjzscpx@163.com

（本页信息由河北省建筑市场发展研究会提供）

社会组织评估 3A 等级

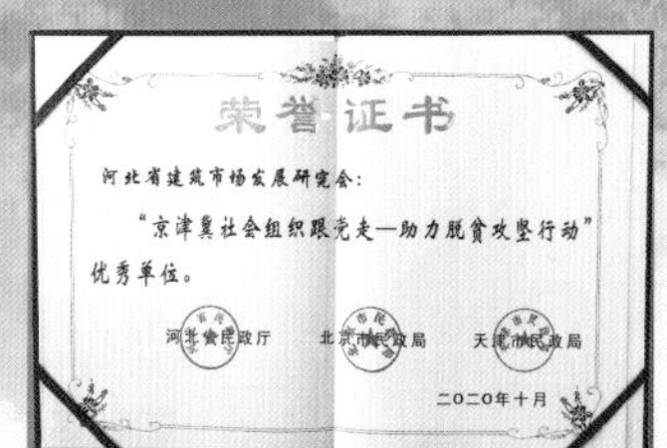

“京津冀社会组织跟党走—助力脱贫攻坚行动”优秀单位

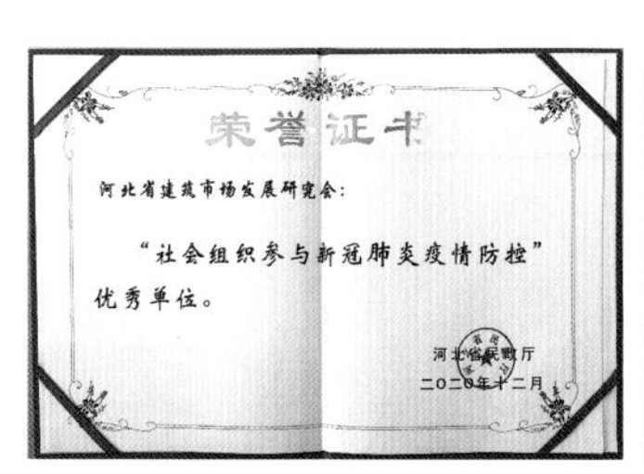

“社会组织参与新冠肺炎疫情防控”优秀单位

河北省建设监理行业高质量发展座谈会

研究会第三届八次会长办公会

研究会 2021 年主题党日活动

研究会 2022 年主题党日活动

河北省监理信息化管理智慧化服务交流会

研究会第三届十次会长办公会

观摩考察鸿泰融新咨询股份有限公司

第四次会员代表大会暨第四届一次理事会

第四次会员代表大会暨第四届一次理事会主会场

西安交通大学科技创新港科创基地 8 号工程楼、9 号阅览中心获 2020 年度“鲁班奖”

西安电子科技大学南校区综合体育馆建设项目获 2018—2019 年度“鲁班奖”

昆明雅景中心建设项目

绿地能源国际金融中心建设项目

荣民西安高新壹号建设项目

西安交大一附院门急诊综合楼、医疗综合楼工程监理分别获得“雁塔杯”“长安杯”奖

陕西省高等法院工程建设项目管理及监理获“长安杯”奖

西安地铁 4 号线地铁站装饰安装工程监理三标获 2020—2021 年度国家优质工程奖

国家开发银行西安数据中心及开发测试基地建设项目

韩城市美丽乡村建设项目

(PM) 西安普迈项目管理有限公司

西安普迈项目管理有限公司（原西安市建设监理公司）成立于 1993 年，1996 年由国家建设部批准为工程监理甲级资质。现有资质：房屋建筑工程监理甲级，机电安装工程监理甲级，市政公用工程监理甲级，公路工程监理甲级，水利水电工程监理甲级。公司为中国建设监理协会理事单位，陕西省建设监理协会副会长单位，西安市建设监理协会副会长单位，陕西省建设工程造价管理协会副理事长单位，陕西省招标投标协会常务理事单位，陕西省项目管理协会常务理事单位。

公司以监理为主业，向工程建设产业链的两端延伸，为建设单位提供全过程工程咨询服务。业务范围包括建设工程全过程项目管理、房屋建筑工程监理、市政公用工程监理和公路工程监理、机电安装工程监理、工程造价咨询、工程招标代理、全过程工程咨询等服务。

公司凝聚了一大批长期从事各类工程建设施工、设计、管理、咨询的专家和业务骨干，在册员工近千人，各类注册人员 300 余名，各类专业配套齐全，可满足公司业务涵盖的各项工程咨询服务需求。

公司法人治理结构完善、管理科学、手段先进、以人为本、团结和谐。始终坚持规范化管理理念，不断提高工程建设管理水平，全力打造“普迈”品牌。自 1998 年开始在本地区率先实施质量管理体系认证工作，2007 年又实施了质量管理、环境管理和职业健康安全管理三体系认证，形成覆盖公司全部服务内容的三合一管理体系和管理服务平台。

2017 年，公司结合已有业务定制开发了信息化操作系统，经过 2 年多运行后，随着市场不断变化又启动信息化建设升级工作，逐步建立起了契合公司发展的信息化、数字化、智能化办公平台，实现了线上资源共享、技术交流、流程审批、工作检查等智慧办公成果，极大提高了全员工作效率。

2021 年，公司瞄定信息化建设的新目标，新增全过程工程咨询管理、工程指挥中心门户、监理单项目门户、积分模块、危大工程模块、移动单兵系统、无人机直播系统等新模块，并进一步优化、升级了企业信息化系统架构，在信息化建设追赶超越的征程中迈进了坚实一步。

2018 年，公司入围陕西省首批全过程工程咨询试点企业，在创新发展理念引领下，充实完善管理制度，开发运用信息化管理平台，提升服务品质内涵，着力开拓项目管理和全过程工程咨询业务，现正在提供国家开发银行西安数据中心及开发测试基地、韩城市美丽乡村建设等 10 余项全过程工程咨询服务项目，总投资约 30 亿元。在典型项目中，公司积极探索全过程工程咨询服务实践方案，以顾客需求为服务切入点，以技术手段为支撑，用管理手段穿针引线，将全过程理念与系统工程方法应用到全过程工程咨询服务模式中。

29 年来，公司坚持以“与项目建设方共赢”为目标，精心做好每一个服务项目，树立和维护普迈品牌良好形象，获得了多项荣誉和良好的社会评价，2 次被评为国家“先进工程监理单位”，连年被评为陕西省、西安市“先进工程监理单位”。

地　址：陕西省西安市雁塔区太白南路 139 号荣禾云图中心 4 层
邮　编：710065
电话 / 传真：029-88422682

常宁新区滈河湿地公园 PPP 建设项目

（本页信息由西安普迈项目管理有限公司提供）

宁波市建设监理与招投标咨询行业协会

宁波市建设监理与招投标咨询行业协会（原宁波市建设监理协会）成立于2003年12月6日。协会现有会员单位183家，主要由工程监理企业和招标代理机构组成。

协会的宗旨是遵守宪法、法律、法规和国家政策，践行社会主义核心价值观，遵守社会道德风尚，贯彻执行政府的有关方针政策。维护会员的合法权益，及时向政府有关部门反映会员的要求和意见，热情为会员服务。引导会员遵循“守法、诚信、公正、科学”的职业准则，为发展我国社会主义现代化建设事业、建设监理与招投标咨询事业和提高宁波市工程建设水平而努力工作。

自成立以来，宁波市建设监理与招投标咨询行业协会充分发挥桥梁和纽带作用，积极开展行业调研，反映行业诉求，参与或承担课题研究、政策文件起草和标准制定，大力推进行业转型升级创新发展，强化行业自律，为解决行业发展问题、改善行业发展环境、促进行业高质量发挥了积极作用，所做的工作和取得的经验得到了同行和管理部门的肯定。先后被宁波市委市政府、宁波市民政局和宁波市服务业综合发展办评为“宁波市先进社会组织”、5A级社会组织和商务中介服务行业突出贡献行业协会。

今后，宁波市建设监理与招投标咨询行业协会将坚持党的领导，加强党建工作，积极拓宽服务领域，不断提高服务水平，在服务中树立信誉，在服务中体现价值，在服务中求得发展，脚踏实地做好各项工作，努力把协会建设成为会员满意、政府满意、社会满意的社会组织，将协会的各项工作推上新的高度，为宁波市建设监理与招投标咨询行业健康发展发挥更大的作用。

协会与宁波工程学院签订BIM人才培养合作框架备忘录

协会举办全过程工程咨询培训班

协会举办全过程工程咨询服务现场交流会

协会举办纪念宁波市工程监理行业发展30周年座谈会

协会协助市住建局举办宁波市首届BIM技术应用成果交流会

协会组织会员单位赴余姚梁弄镇横坎头村开展党建活动

协会组织会员单位赴嘉兴南湖开展党建活动

协会组织宁波监理企业参加全省监理行业迎国庆70周年趣味运动会

协会举办2022年“安全生产月”——新版行业自律检查评定表启用暨安全生产监理培训会

协会联合举办“喜迎二十大 建功新时代”宁波市监理行业建设施工领域除险保安“百日攻坚”现场推进会

协会组织监理人员安全和消防技能提升培训

协会联合8家会员企业共同出资参加了市民政局组织的宁波市社会组织助力对口帮扶地区脱贫攻坚现场认捐签约活动

（本页信息由宁波市建设监理与招投标咨询行业协会提供）

董事长 郭冬生

万泰城·天元项目施工监理

九江市中医医院感染性疾病（中西医结合）综合救治基地全过程工程咨询项目（含工程监理）

九江市第一人民医院城西分院项目二期工程监理及项目管理

八里湖兴城广场改扩建项目装修工程（半岛宾馆二期）监理项目

吴城候鸟小镇二期项目（国际候鸟保护中心）工程

吴城候鸟小镇生态基础设施改造、配套工程及生态环境整治项目工程

庐山西海柘林、巾口改善人居环境项目—巾口集镇整体风貌整治提升工程监理项目

新产业综合体二期

昌九高速“高改快”工程（前进东路、陆家垄路互通工程）

鄱阳县姜夔大道三期工程监理项目

九江市建设监理有限公司

九江市建设监理公司创建于1993年，九江市建院监理公司创建于1997年，2005年九江市建设监理公司和九江市建院监理公司两家公司合并重组，沿用“九江市建设监理公司”名称，2008年进行改制，2009年1月成立“九江市建设监理有限公司”，成为国有参股的综合型混合制企业。

改制以来，企业进入了一个良性高度发展阶段。2015年以郭冬生董事长为核心的领导班子凝心聚力，共绘蓝图，企业逐步发展壮大到如今的730余人，企业经营收入超亿元，较过去翻了一番。在江西省各地市乃至省会南昌市的同类企业中成为佼佼者，企业品牌价值和知名度显著提高。

近年来，企业的资质范围拓展为拥有房屋建筑工程监理甲级资质、市政公用工程监理甲级资质、人民防空工程监理甲级资质、工程招标代理甲级资质、工程造价咨询甲级资质、机电安装工程监理乙级资质、测绘乙级资质、水利水电工程监理丙级资质、公路工程监理丙级资质、市政公用工程施工总承包三级资质、建筑装修装饰工程专业承包二级，公司资质还在逐年增加。

目前，国资占股23%，企业员工占股77%。企业现有员工730余人（其中高级工程师18人、工程师216人、国家注册监理工程师113人、一级建造师24人、二级建造师85、造价工程师6人、国家注册安全工程师3人、国家注册招标师4人、国家注册设备监理工程师2人、国家注册咨询工程师4人），企业资产超过5000万元，年经营合同总额近2亿元，年营业总收入超亿元，年缴纳各项税额合计超800万元。

近年来，企业的年产值逐渐增长为数亿元，逐步发展成为一个现代化、综合性工程咨询服务企业。服务的多个项目荣获各类国家及省级奖项，并荣获“中国工程监理行业先进企业”“全国代理诚信先进单位”“企业贡献奖”“最佳雇主”等百余项荣誉。

“向管理要效益，以制度促发展”。近年来，企业始终将制度建设与科学管理摆在首位。注重学习型企业的打造，把培养员工、成就员工当成企业的重要使命之一。

企业宗旨：

公司致力于项目投资、建设规律和流程的研究与探索，向业主提供专业、高效、多样化的全生命周期咨询及项目风险管控服务。打造一支专业、勤奋、廉洁的项目管理与咨询优秀团队，成为全国一流的项目建设综合性服务和管理的品牌提供商。

企业愿景：

公司始终坚持“感恩继承、创新求变、奋发有为、和谐发展”的企业精神，努力将企业打造成为江西省乃至长江中下游地区一流的项目建设咨询、项目建设过程服务、项目管理等综合服务提供商。

企业精神与核心价值观：

感恩继承，创新求变，奋发有为，和谐发展。

做工程建设的管理专家 做项目建设的安全卫士。

服务宗旨：

服务到位，控制达标，工程优良，业主满意。

经营理念：

诚信创造未来，细节成就辉煌。

公司地址：江西省九江市浔阳区长虹大道32号建设大厦8-9楼
联系电话：0792-8983289
传　　真：0792-8983285
邮政编码：332000

（本页信息由九江市建设监理有限公司提供）

河南省光大建设管理有限公司

河南省光大建设管理有限公司成立于2004年11月，注册资本金5100万元，办公面积约2000m²，是一家集工程监理、招标代理、造价咨询、工程咨询、项目管理、全过程咨询为一体的综合性技术咨询服务型企业，可以为全国业主单位提供建设项目全生命周期的组织、管理、经济和技术等各阶段专业咨询服务。

企业资质：工程监理综合资质、人防工程监理、水利工程施工监理、工程招标代理甲级、政府采购代理甲级、中央投资招标代理、工程造价咨询、工程咨询乙级资信、全过程工程咨询。

公司实力：公司通过质量、职业健康、环境管理体系认证，建立了完善的管理体系，公司利用5G网络化信息化OA平台办公，保证了公司高效现代化的服务质量。

公司培养了一支技术精湛、经验丰富的管理团队。各类专业技术人员1000余人，高级技术职称50余人，中级技术职称200余人，公司专家库具有各类经济、技术专家3000余名。

公司荣誉：公司连续多年被评为全国先进工程监理企业、中国招投标协会AAA级信用企业等、河南省建设工程先进监理企业、河南省优秀监理企业、河南省装配式建筑十佳企业、河南十佳高质量发展标杆企业、河南十佳创新型领军企业、河南省先进投标企业、河南省工程招标代理先进企业、河南省招标投标先进单位、河南省“守合同重信用”企业、郑州市建设工程监理先进企业。2017年公司入选了河南省26家全过程咨询单位试点单位。2020年、2021年公司入选全国工程监理企业收入百强。现为中国建设监理协会理事单位、河南省建设监理协会副会长单位、中国招标投标协会会员单位、河南省建设工程招标投标协会副会长单位、河南省招标投标协会理事单位、河南省政府采购理事单位。

业绩优势：公司成立以来承接各类监理工程7000多项，多次获得国家优质工程奖、省优质工程奖、市政金杯奖、省级安全文明工地、省质量标准化项目等。承接招标代理业务6000余项，在PPP、EPC、国际机电招标项目的招标代理上也积累了丰富的经验。在造价咨询、工程咨询、BIM技术运用方面也取得阶段性的进展，累计承接造价咨询业务200余项，BIM技术也在公司多个项目得以应用对工程管理起到了积极辅助作用，同时积累了诸如项目建议书、经济评价等相关的工作咨询项目业绩。

在过去的岁月里光大人用自己不懈的努力和奋斗，开拓了市场、赢得了信誉、积累了经验。展望未来，公司将继续遵照“和谐、尊重、诚信、创新”的企业精神，立足河南省，开拓国内，面向世界，用辛勤的汗水和智慧去开创光大更加美好的明天。

联系电话：0371-66329668（办公室）
0371-55219688（经营部）
0371-86610696（招标代理部）
0371-85512800（造价咨询部）
15386816826（山西事业部）

（本页信息由河南省光大建设管理有限公司提供）

林州市红旗渠公共服务中心PPP项目监理

省直青年人才公寓金科苑项目工程监理

开封国际文化交流中心

南阳市中心医院新区医院

南阳善水居住宅小区（河南省建设工程“中州杯”省优质工程）

山西省太原市静乐栖贤谷二期建设工程监理

郑州市四环线及大河路快速化工程监理西四环段跨南水北调渠斜拉桥

衢州市文化艺术中心和便民服务中心全过程工程咨询服务

衢州市高铁新城地下综合管廊建设工程全过程工程咨询服务

华夏航空（衢州）国际飞行培训学校建设全过程工程咨询服务

衢州市九华大道隧道项目（二期）全过程工程咨询服务

衢州市高铁新城智慧产业园（电子科技大学实验学校五期、六期）全过程工程咨询服务

亚运会棒（垒）球体育文化中心全过程工程咨询服务

衢州市鹿鸣半岛时尚文化创业园建设全过程工程咨询服务

浙江求是工程咨询监理有限公司

浙江求是工程咨询监理有限公司是一家专业从事建筑服务的企业，致力于为社会提供全过程工程咨询、工程项目管理、工程监理、工程招标代理、工程造价咨询、工程咨询、政府采购、BIM咨询等大型综合性建筑服务。公司是全国咨询监理行业百强企业、国家高新技术企业、杭州市级文明单位、西湖区重点骨干企业，拥有国家、省、市各类优秀企业荣誉。公司具有工程监理综合资质、工程招标代理甲级资质、工程造价咨询甲级资质、工程咨询甲级资质、人防工程监理甲级资质、水利工程监理等资质。

公司作为浙江省及杭州市第一批全过程工程咨询试点企业，在综合体、市政建设（隧道工程、综合管廊）、大型场（展）馆、农林、医院等领域，具备全过程工程咨询服务能力，相关咨询服务团队达到600余人，专业岗位技术人员1300余人，已成为全过程工程咨询行业的主力军。

公司一直重视人才梯队化培养，依托求是管理学院构筑和完善培训管理体系。开展企业员工培训、人才技能提升、中层管理后备人才培养等多层次培训机制，积极拓展校企合作、强化外部培训的交流与合作，提升企业核心竞争力。公司通过“求是智慧管理平台”进行信息化管理，实现工程管理数据化、业务流程化、工作标准化。

近年来，浙江求是工程咨询监理有限公司已承接咨询、监理项目达5000余个，其中全过程工程咨询项目100余个，广泛分布于浙江省各地、市及安徽、江苏、江西、贵州、四川、河南、湖南、湖北、海南等，荣获国家、省、市（地）级各类优质工程奖500余个。一直以来得到了行业主管部门、各级质（安）监部门、业主及各参建方的广泛好评。

浙江求是咨询将继续提升企业管理标准化水平，创新管理模式，用实际行动践行“求是咨询 社会放心”的使命，为客户创造更多的求是服务价值。

地　址：杭州市西湖区西溪世纪中心3号楼13层
电　话：0571-81110603
传　真：0571-89731194

杭州市富春湾大道二期工程全过程工程咨询服务

（本页信息由浙江求是工程咨询监理有限公司提供）

康立时代建设集团有限公司

康立时代建设集团有限公司前身为四川康立项目管理有限责任公司，成立于世纪之交的2000年6月，经过20余载的努力奋斗，现已发展为具有住房城乡建设部工程监理综合资质，水利部水利工程施工监理甲级、水土保持工程施工监理甲级、机电及金属结构设备制造监理甲级、水利工程建设环境保护监理资质，交通部公路工程监理、人防监理、造价咨询甲级、项目管理和全过程咨询企业甲级、政府采购、招标代理、工程咨询、工程勘察、工程设计等多项资质的大型综合性工程管理公司。2022年6月，经相关部门批准，正式更名为康立时代建设集团有限公司，公司发展迈向更高台阶。

集团现有各类技术管理人员近3000人，国家级各类注册人员700余人，省级监理岗位资格人员2000余人，高级工程师300余人。通过全体员工的齐心协力，集团的技术管理水平不断提升，一步步迈向行业的前列，现已成为中国建设监理协会理事单位、四川省建设工程质量安全与监理协会常务副会长单位、四川省工程项目管理协会副会长单位、四川省造价工程师协会理事单位、成都建设监理协会副会长单位，成都市“守合同重信用”企业、四川省“诚信企业”，集团已连续10年进入中国监理行业五十强和四川省五强，历年被评为部、省、市优秀监理企业。集团党支部于2020年正式成立，集团发展进入了一个崭新的阶段。

康立时代建设集团始终坚持“客户至上，诚信务实，团结协作，创新共赢”的价值观，不断完善管理和质控体系，已经构建了高效的组织机构，健全了可控的质量体系，建立了完善的企业标准，同时依托“康立工程管理学校”形成了可持续的人才培养机制，拥有了高素质的人才队伍。集团现已完成咨询服务的房屋建筑面积近2亿m^2，市政公用工程投资超2000亿元，水利水电工程投资超500亿元，其他工程总投资超500亿元。

20余载的风雨兼程，康立人用勤劳的双手建造了一栋栋大厦，也铸造出一座座丰碑。

——6项“鲁班奖”；

——13项国家优质工程奖；

——60余项“天府杯奖”；

——80多项“芙蓉杯奖”“蜀安奖”、土木工程詹天佑奖、中国钢结构奖。

面对各级政府和社会各界的认可和褒奖，康立人唯有扬鞭奋蹄，才能不负众望。

展望未来，任重而道远，集团将以博大的胸襟、精湛的技术，努力开拓更多领域，成为具有强大综合实力的工程管理企业，成为行业的领跑者和最受尊重的企业，努力实现“让工程服务值得信赖，让生活幸福安宁美好”的企业使命。康立时代建设集团以真诚开放的态度、热忱积极的决心，诚邀合作。

合作联系：徐昌瀚
联系电话：13881955418
地址：四川省成都市成华区成华大道杉板桥669号
电话：028-81299981

（本页信息由康立时代建设集团有限公司提供）

成都露天音乐公园（鲁班奖）

丰德成达中心（鲁班奖）

中国科学院大学成都学院

中国西部现代商贸物流基地

华夏历史文化科技产业园（方特·东方神话）

南充市顺庆区滨江路改造工程（鲁班奖）

四川省公共卫生综合临床中心

天府新区独角兽岛

自贡市富荣产城融合带基础设施建设项目(C、D段)工程全过程工程咨询

西部金融创新中心

龙湖·滨江天街

中建卓越建设管理有限公司

中建卓越建设管理有限公司（简称“中建卓越”）创办于 1999 年，原名为河南卓越工程管理有限公司，2017 年更名为中建卓越建设管理有限公司，下属 3 家全资子公司，49 家分公司。成立 23 年以来，逐步形成中国郑州作为第一总部，上海作为第二总部的发展格局。公司立足中原，逐步建立起遍布全国 32 个省市与地区的服务网络、千余咨询顾问，累计交付逾万项目，成为全国领先的工程建设综合服务企业。

中建卓越以优质的服务助力政府、事业单位、企业、社会机构，提供投资咨询、规划咨询、设计咨询、估值与造价咨询、项目管理、项目代建、招标代理、工程监理、工程金融咨询、施工及运维、司法鉴定以及第三方质量安全监督管理、建筑质量潜在风险评估（TIS）等各阶段的专业化解决方案，是一家具备工程建设全过程咨询产业链最高等级资质的咨询服务机构。咨询领域涵盖建筑工程、铁路工程、市政公用工程、电力工程、矿山工程、冶金工程、石油化工工程、通信工程、民航工程、机电工程、公路工程、水运工程、水利工程、水土保持工程、机电及金属结构设备工程、水利工程建设环境保护工程、环境影响评估工程、土壤治理修复工程、水治理工程、节能工程等，并拓展至新能源、新基建等领域。同时，公司亦积极参与“一带一路”沿线国家与其他海外市场的基础设施项目。

中建卓越累计荣获国家级奖项 37 项；省市级奖项 400 余项；其中“詹天佑奖”1 项，“鲁班奖”9 项，国家优质工程金奖 1 项、中国建筑钢结构金奖 2 项、中国市政金杯奖 3 项、国家优质工程奖 16 项、中国电力优质工程 4 项、“安装之星”奖 1 项。

中建卓越始终秉承“因势调整风帆”的经营理念，居安思危，因势利导，在“危”中见“机”，在风险管理中化“险”为“风”。始终坚持“开放协作、互利共赢”的原则，以创造项目价值最大化为使命，关切客户需求，致力于协助客户管控项目风险、创造价值，合力构筑一个更美好的未来。

信用评级

企业信用等级AAA级
工程造价咨询企业信用AAA级
全国AAA级重合同守信用单位
招标代理机构诚信创优5A等级

工程设计资质

市政行业（道路工程）专业资质
建筑行业（建筑工程）专业资质
电力行业（送电、变电工程）专业资质

监理资质

工程监理综合资质
人防工程监理资质
水利工程施工监理甲级
信息系统工程监理资质
文物保护工程监理资质
中国石化工程监理入库
水土保持工程施工监理资质

招标代理资质

工程招标代理甲级
政府采购代理甲级
中央投资项目招标代理甲级

全过程工程咨询

工程咨询单位资信评价
全过程工程咨询首批试点单位
建设项目全过程造价咨询试点企业

造价资质

工程造价咨询甲级
工程造价司法鉴定机构
全过程工程造价咨询试点单位

项目代建

河南省代建单位预选库

郑州国际会展中心项目（荣获詹天佑奖、鲁班奖、中国钢结构金奖）

安阳行政中心综合办公楼项目（荣获鲁班奖）

开封海汇中心（荣获鲁班奖）

天瑞卫辉水泥厂生产基地项目（荣获鲁班奖）

广西贵港体育中心项目（荣获中国钢结构金奖、国家优质工程奖）

郑大一附院郑东新区医院项目（荣获国家优质工程金奖）

达拉特光伏发电应用领跑基地项目（荣获国家优质工程奖）

第十一届中国（郑州）国际园林博览会园博园项目（荣获国家优质工程奖）

（本页信息由中建卓越建设管理有限公司提供）

云南澄江化石地博物馆

迪庆香格里拉大酒店

昆明西山区润城项目

滇南中心医院

昆明碧桂园御龙半山项目

楚雄灵秀立交桥

金融广场二期工程

嘉兴市快速路三期工程

嘉兴市中医医院

嘉兴诺德安达双语学校

南湖国际俱乐部酒店

嘉兴市南湖湖滨区域改造提升工程

农金大厦（鲁班奖项目）

南湖实验室新建项目一期工程

嘉兴火车站广场及站房区域改扩建项目

荣誉证书

浙江嘉宇工程管理有限公司：

被评为2021年度浙江省优秀监理企业，特发此证，以资鼓励。

浙江省全过程工程咨询与监理管理协会

2021 年度优秀监理企业

浙江省AAA级
“守合同重信用”公示企业

浙江嘉宇工程管理有限公司

为浙江省AAA级“守合同重信用”公示企业，公示期两年。公示期间实行动态管理，接受社会监督。

公示机关：浙江省市场监督管理局

公示时间：2022年8月26日-2024年8月25日

浙江省“诚信企业”

嘉宇® 浙江嘉宇工程管理有限公司

浙江嘉宇工程管理有限公司，是一家具有工程监理综合资质，集全过程工程咨询、工程监理、项目管理和代建、BIM 技术、设计优化、招标代理、造价咨询和审计等为一体，专业配套齐全的综合性工程项目管理公司。它源于 1996 年 9 月成立的嘉兴市工程建设监理事务所（市建设局直属国有企业），2000 年 11 月经市体改委和市建设局同意改制成股份制企业嘉兴市建工监理有限公司，后更名为浙江嘉宇工程管理有限公司。26 年来，公司一直秉承“诚信为本、责任为重”的经营宗旨和“信誉第一、优质服务”的从业精神。

经过 26 年的奋进开拓，公司具备住房城乡建设部工程监理综合资质（可承担住建部所有专业工程类别建设工程项目的工程监理任务）、人防工程监理甲级资质、工程咨询甲级、造价咨询乙级、文物保护工程监理资质、综合类代建资质等，并于 2001 年率先通过质量管理、环境管理、职业健康安全管理等三体系认证。

优质的人才队伍是优质项目的最好保证，公司坚持以人为本的发展方略，经过 26 年发展，公司旗下集聚了一批富有创新精神的专业人才，现拥有建筑、结构、给水排水、强弱电、暖通、机械安装等各类专业高、中级技术人员 500 余名，其中注册监理工程师 167 名，注册造价、咨询、一级建造师、安全工程师、设备工程师、防护工程师等 90 余名，省级监理工程师和人防监理工程师 136 名，可为市场与客户提供多层次全方位精准的专业化管理服务。

公司不仅具备管理与监理各项重点工程和复杂工程的技术实力，而且还具备承接建筑技术咨询、造价咨询管理、工程代建、招投标代理、项目管理等多项咨询与管理的综合服务能力，是嘉兴地区唯一一家省级全过程工程咨询试点企业。业务遍布省内外多个地区，26 年来，嘉宇管理已受监各类工程千余项，相继获得国家级、省级、市级优质工程奖百余项，由嘉宇公司承监的诸多工程早已成为嘉兴的地标建筑。卓越的工程业绩和口碑获得了省市各级政府和主管部门的认可，2009 年来连续多年被浙江省工商行政管理局认定为“浙江省守合同重信用 AAA 级企业”；2010 年来连续多年被浙江省工商行政管理局认定为“浙江省信用管理示范企业”；“嘉宇”商标和品牌先后被认定为“浙江省著名商标”“浙江省名牌产品”“浙江省知名商号”；2007 年以来被省市级主管部门及行业协会授予“浙江省优秀监理企业”“嘉兴市先进监理企业”；并先后被省市级主管部门授予“浙江省诚信民营企业”“嘉兴市建筑业诚信企业”“嘉兴市建筑业标杆企业”“嘉兴市最具社会责任感企业”等称号。

嘉宇公司通过推进高新技术和先进的管理制度，不断提高核心竞争力，本着“严格监控、优质服务、公正科学、务实高效”的质量方针和“工程合格率百分之百、合同履行率百分之百、投诉处理率百分之百”的管理目标，围绕成为提供工程项目全过程管理及监理服务的一流服务商，嘉宇公司始终坚持“因您而动”的服务理念，不断完善服务功能，提高客户的满意度。

26 年弹指一挥间。26 年前，嘉宇公司伴随中国监理制度而生，又随着监理制度逐步成熟而成长壮大，并推动了嘉兴监理行业的发展壮大。而今，站在新起点上，嘉宇公司已经规划好了发展蓝图。一方面“立足嘉兴、放眼全省、走向全国”，不断扩大嘉宇的业务版图；另一方面，不断开发全过程工程咨询管理、项目管理、技术咨询、招标代理等新业务，在建筑项目管理的产业链上，不断攀向“微笑曲线”的顶端。

公司地址：嘉兴市会展路 207 号嘉宇商务楼
联系电话：（0573）83971111　82097146
传　　真：（0573）82063178
邮政编码：314050

（本页信息由浙江嘉宇工程管理有限公司提供）

河南长城铁路工程建设咨询有限公司

河南长城铁路工程建设咨询有限公司成立于1993年，是一家集工程监理、造价咨询、设计、招标代理为一体的综合性咨询集团公司。公司具有住房城乡建设部工程监理综合资质、交通部公路监理甲级资质。公司控股管理河南省铁路勘测设计有限公司、河南长城建设工程试验检测有限公司。公司通过了ISO9001、ISO14001、ISO45001管理体系认证，现为中国建设监理协会理事单位、中国铁道建设监理协会常务委员会单位、河南省建设监理协会副会长单位，被科技部认定为“高新技术企业”。

公司技术力量雄厚，监理咨询人员达1200余人，其中拥有中高级职称人员800多人，具有国家住房城乡建设部、交通部、国铁集团等认定的各类注册工程师700余人。

公司承担监理的工程涵盖铁路、公路、城市轨道交通、市政、房屋建筑、水利、机场、大型场馆等领域，且参与了国家“一带一路”重点项目中（国）老（挝）铁路、几内亚西芒杜铁路、国家援助巴基斯坦公路、非洲刚果布大学城等援外项目，监理项目逾1000项。其中铁路建设领域先后参建了徐兰、沪昆、兰新、京沈、京雄、成昆、郑万、哈牡、赣深、沪苏湖等几十条高速铁路和拉林、渝贵、格库、大瑞、和若等国家干线铁路及重难点项目。高速公路方面先后参建了河南台辉、济洛西、安罗、鸡商及贵州剑蓉、宜毕、桐新等高速公路项目。城市轨道方面先后承担了郑州轨道1至19号线20多个监理标段及武汉、成都、济南、福州、温州、金华、呼和浩特、洛阳等城市轨道交通的监理任务。市政方面先后参建了郑州机场航站楼、北京大兴机场及国家重点项目南水北调工程总干渠、多个城市立交、高架快速通道、城市管网等大型市政项目等。公司监理的业绩涵盖黄冈公铁两用长江大桥、郑济公铁两用黄河大桥、台辉高速黄河特大桥、济洛西高速黄河特大桥等多座跨江越河特大桥，以及郑万高铁小三峡隧道、大瑞铁路秀岭隧道、广湛铁路湛江湾海底隧道等特长隧道几十座。公司获得的国家优质工程奖、“詹天佑奖”“鲁班奖”“火车头奖”“中州杯”“黄果树杯”“天府杯”等国家及省部级奖项多达百余项。

公司先后荣获“河南省五一劳动奖状”“全国五一劳动奖状”，2016—2020连续5年入选全国工程监理企业工程监理综合排名前100名，被河南省住房城乡建设厅确定为“河南省重点培育全过程工程咨询企业”，连续多年被河南省住建厅评为“先进监理企业”“全省监理企业20强”，2020年被河南省评为“抗击疫情履行社会责任监理企业”，2021年被评为“防汛救灾先进监理单位”“疫情防控先进监理单位”。

（本页信息由河南长城铁路工程建设咨询有限公司提供）

公司参与监理的郑徐高铁（获詹天佑奖）

公司参与监理的川藏铁路拉林段

公司监理的广湛高铁湛江湾海底隧道全长9640m，是我国目前独头掘进的大直径穿海高铁盾构隧道

公司参与监理的中老铁路开通运营，图为公司监理团队参加开通仪式

公司监理的台辉高速公路黄河特大桥（全长11.4km，单幅宽度15.5m，跨黄河区域桥梁）

公司参与监理的北京大兴国际机场航站楼项目

公司京雄高铁监理项目部总监在全国项目监理机构经验交流会上发言

开展党史学习教育活动

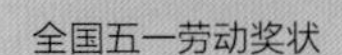

全国五一劳动奖状

组织突击队投入抗击新冠肺炎疫情行动

贵州省建设监理协会第五届会员代表大会于 2022 年 5 月 14 日在贵阳召开

贵州省第五届会员代表大会选举投票

中共贵州省监理协会支部组织学习党的二十大精神

2021 年度中国电力优质工程 ——贵州省威宁 500kV 变电站新建工程（贵州电力建设监理咨询有限责任公司）

2016-2017 年度国家优质工程奖——贵州医科大学内科住院综合楼（贵州深龙港监理公司）

贵州省建设监理协会五届一次理事会召开

贵州省地质资料馆暨地质博物馆 贵州建筑设计研究院有限责任公司 2020—2021 年度中国建设工程鲁班奖（国家优质工程）

云、贵、川、渝监理协会党支部联合主题党日活动

贵州省建设监理协会

贵州省建设监理协会是由主要从事建设工程监理业务的企业自愿组成的行业性非营利性社会组织，接受贵州省民政厅的监督管理和贵州省住房和城乡建设厅的业务指导，于 2001 年 8 月经贵州省民政厅批准成立，2022 年 5 月经全体会员代表大会选举完成了第五届理事会换届工作。贵州省建设监理协会是中国建设监理协会的团体会员及常务理事单位，2018 年 12 月，经贵州省民政厅组织社会组织等级评估，被授予 AAAA 级社会组织称号。现有会员单位 328 家，监理从业人员约 3 万多人，国家注册监理工程师约 3600 余人。协会办公地点在贵州省贵阳市观山湖区中天会展城 A 区 101 大厦 A 座 20 层。

贵州省建设监理协会以毛泽东思想、邓小平理论、“三个代表”重要思想、科学发展观、习近平新时代中国特色社会主义思想为指导，遵守宪法、法律、法规和国家政策，遵守社会道德风尚。协会以“服务企业、服务政府”为宗旨，发挥桥梁与纽带作用，贯彻执行政府的有关方针政策，维护会员的合法权益，认真履行“提供服务、反映诉求，规范行为”的基本职能热情为会员服务，引导会员遵循“公平、独立、诚信、科学”的职业准则，维护公平竞争的市场环境，强化行业自律，积极引导监理企业规范市场行为，树立行业形象，维护监理信誉，提高监理水平，促进我国建设工程监理事业的健康发展，为国家建设更多的安全、适用、经济、美观的优质工程贡献监理力量。

协会业务范围：主要是致力于提高会员的服务水平、管理水平和行业的整体素质。组织会员贯彻落实工程建设监理的理论、方针、政策；开展工程建设监理业务的调查研究工作，协助业务主管部门制定建设监理行业规划；制定并贯彻工程监理企业及监理人员的职业行为准则；组织会员单位实施工程建设监理工作标准、规范和规程；组织行业内业务培训、技术咨询、经验交流、学术研讨、论坛等活动；开展省内外信息交流活动，为会员提供信息服务；开展行业自律活动，加强对从业人员的动态监管；宣传建设工程监理事业；组织评选和表彰奖励先进会员单位和个人会员等工作。

第五届理事会首任轮值会长张雷雄，常务副会长兼秘书长王伟星，9 家骨干企业负责人担任副会长。本届理事会设有监事会，监事会主席周敬。本届理事会推举杨国华同志为名誉会长、傅涛同志为荣誉会长。聘请杨国华、汤斌二位同志为协会顾问。

本协会下设自律委员会、专家委员会和全过程工程咨询委员会，在遵义、兴义两地设立了工作部。秘书处是本协会的常设办事机构，负责本协会的日常工作，对理事会负责。秘书处下设办公室、财务室、培训部、对外办事接待窗口。

（本页信息由贵州省建设监理协会提供）

鑫诚建设监理咨询有限公司

鑫诚建设监理咨询有限公司是主要从事国内外矿山、冶金、工业与民用市政、电力建设项目的建设监理、海外工程总承包、工程招标、工程咨询、工程造价咨询、设备监理等业务的专业化监理咨询企业。公司成立于1989年，前身为中国有色金属工业总公司基本建设局，1993年更名为“鑫诚建设监理公司”，2003年更名登记为“鑫诚建设监理咨询有限公司”，现隶属中国有色矿业集团有限公司。

公司是较早通过国际质量、环境、职业健康安全三体系认证的监理单位之一。多年来，一贯坚持“诚信为本、服务到位、顾客满意、创造一流”的宗旨，以雄厚的技术实力和科学严谨的管理，严格依照国家和地方有关法律、法规政策进行规范化运作，为顾客提供高效、优质的监理咨询服务。公司业务范围遍及全国大部分省市及中东、西亚、非洲、东南亚等地，承担了大量有色金属工业基本建设项目以及化工、市政、住宅小区、宾馆、写字楼、院校等建设项目的工程招标、工程咨询、工程造价咨询、全过程建设监理、项目管理、设备监理等工作，特别是在铜、铝、铅、锌、镍、钛、钴、钼、银、金、钽、铌、铍以及稀土等有色金属采矿、选矿、冶炼、加工以及环保治理工程项目的咨询、监理方面，具有明显的整体优势、较强的专业技术经验和管理能力，创造了丰厚的监理咨询业绩。公司在做好监理服务的基础上，造价咨询和工程咨询、设备监理业务也卓有成效，完成了多项重大、重点项目的造价咨询和工程咨询工作，取得了良好的社会效益。公司成立以来所监理的工程中有6项工程获得建筑工程鲁班奖（其中海外工程鲁班奖2项），19项获得国家优质工程银质奖，122项获得中国有色金属工业(部)级优质工程奖，26项获得其他省(部)级优质工程奖，获得北京市建筑工程长城杯20项。

公司致力于打造有色行业的知名品牌，在加快自身发展的同时，关注和支持行业发展，积极参与业内事务，认真履行社会责任，大力支持社会公益事业，获得了行业及客户的广泛认同。1998年获得“八五”期间“全国工程建设管理先进单位”称号；2008年被中国建设监理协会等单位评为“中国建设监理创新发展20年先进监理企业”；1999年、2007年、2010年、2012年连续被中国建设监理协会评为“全国先进工程建设监理单位”；1999年以来连年被评为“北京市工程建设监理优秀（先进）单位”，2013年以来连年获得“北京市监理行业诚信监理企业”。公司员工也多人次获得“建设监理单位优秀管理者”“优秀总监”“优秀监理工程师”“中国建设监理创新发展20年先进个人”等荣誉称号。

目前公司是中国建设监理协会会员、理事单位；北京市建设监理协会会员、常务理事、副会长单位；中国工程咨询协会会员；国际咨询工程师联合会（FIDIC）团体会员；中国工程造价管理协会会员；中国有色金属工业协会会员、理事；中国有色金属建设协会会员、副理事长；中国有色金属建设协会建设监理分会会员、理事长。

（本页信息由鑫诚建设监理咨询有限公司提供）

刚果（金）迪兹瓦矿业项目

北京市有色金属研究总院怀柔基地项目获得结构长城杯银质奖工程

北方工业大学系列工程 获得多项建筑长城杯奖

印度SKM竖井项目 荣获中国有色金属工业（部级）优质工程奖

江铜年产30万t铜冶炼工程—被评为新中国成立60年百项经典暨精品工程

中国铝业遵义80万t氧化铝项目

大冶有色金属集团控股有限公司系列工程—荣获多项中国有色金属工业（部级）优质工程奖

谦比希铜矿东南矿矿区探建结合采选项目—荣获中国有色金属工业（部级）优质工程奖

赤峰云铜有色金属有限公司环保升级搬迁改造项目—荣获中国有色金属工业（部级）优质工程奖

缅甸达贡山镍矿项目—荣获中国建设工程鲁班奖（境外工程）

赴大别山革命老区开展党性教育活动 1

赴大别山革命老区开展党性教育活动 2

全市监理书画作品展

协会六届一次正副会长会议

江苏省百万城乡竞赛职工职业技能竞赛

苏州市建设监理协会

苏州市建设监理协会成立于 2000 年，2016 年由原“苏州市工程监理协会”更名为“苏州市建设监理协会”。2019 年“苏州市建设监理协会”同“苏州市民防工程监理协会”合并，继续沿用苏州市建设监理协会名称。目前，苏州市建设监理协会共有会员单位 232 家。其中，综合资质企业 8 家（本市 2 家），甲级资质企业 169 家，乙级资质企业 55 家，会员单位的从业人数约达 2.3 万人。

协会始终以《章程》为核心开展系列活动，自觉遵守国家的法律法规，主动接受住建、民政、人防等主管部门和国家、省行业协会的监督和指导，秉承“提供服务，规范行为，反映诉求，维护权益”的办会宗旨，积极发挥桥梁纽带作用，沟通企业与政府、社会的联系，了解和反映会员诉求，积极引导行业规范化，提升行业凝聚力。分别在辅助政府工作、服务企业、团结会员、行业自律、行业增效等多个方面取得优秀成绩。

近年来，苏州市建设监理协会积极配合苏州市住房和城乡建设局开展监理行业综合改革，分别通过推进监理服务价格合理化、推进合同履行情况动态监管、加强监理人员“实名制”管理、推进监理记录仪配备和使用、强化相关检查考核等综合改革系列工作举措，多举并重、标本兼治，强化监理责任落实，完善监理工作机制，规范监理工作行为，全面提升现场质量安全监理水平。目前，全市工程项目监理取费得到了明显改善，大多数政府投资（含国有资金）工程的监理服务价格维持在原《建设工程监理与相关服务收费标准》（发改价格〔2007〕670 号）的 70%–80%；大多数非招标监理项目的合同额一般不低于当期《监理行业服务信息价格》。工程重要部位和关键工序的质量安全管理工作得到加强，质量安全事故隐患得到有效控制。2022 年 4 月又对“现场质量安全监理监管系统”进行整体升级，功能模块得到优化，较之前增加了监管部门审查意见、苏安码检查、质量安全关键节点上报、进度上报、“一帽一服”等内容。“现场质量安全监理监管系统”各项功能模块操作简便可靠，运行基本正常，参与企业数、参与项目数、参与监理人数以及记录类统计数均呈现快速增长的态势。全市项目监理机构共配备了近万台监理工作记录仪，配备覆盖率约占工程监理人员 70% 左右。“现场质量安全监理监管系统”数据的存储、监理信息的共享，进一步增加监理工作的透明度，更加规范监理工作行为。建筑施工质量、安全生产等工作始终保持在平稳有序的受控状态，为全面提升建筑施工现场质量安全监理水平提供支持，有力推动监理行业创新改革发展。

苏州市建设监理协会始终坚持党建引领，紧紧把握新时代发展的特点，围绕行业改革发展大局，认真贯彻落实党的二十大精神，扎实开展各项工作，有序推动行业健康发展，不断提升会员单位的工程项目管理水平，为助力行业高质量发展作出更大贡献。

（本页信息由苏州市建设监理协会提供）

公诚管理咨询有限公司

公诚管理咨询有限公司是大型国有上市企业中国通信服务股份有限公司旗下的专业子公司，是国内最早参与互联网、IDC、三网融合、3G、4G、5G、大数据、物联网、云计算、智慧城市等前沿信息技术网络建设的企业之一。目前公司拥有员工万余人，年平均承接项目5万余个，管理项目投资总额达2600亿元。

作为国内工程建设管理与咨询服务领域专业资质最为齐全的企业之一，公诚咨询已具备工程监理综合资质、信息系统工程监理服务标准贯标甲级、造价咨询甲级资质、工程招标代理甲级等多项顶级资质，以及施工总承包、工程咨询、工程设计等10余项资质。

成立21年来，公诚咨询始终紧跟时代发展的步伐，从单一监理业务发展到监理、招标代理、造价咨询、全过程咨询，数字化创新管理等多元化业务，为众多优秀的客户提供高质量的服务，从中国通信行业最大的监理公司发展成为国内规模庞大、实力强劲、专业覆盖面广的管理咨询企业。足迹从广东省发展到在全国各地成立常驻机构。

经过21年辛勤耕耘，公诚咨询现已成为国内领先的数字化综合管理咨询服务企业。招标代理、工程监理、造价咨询三大主营业务均具有行业顶级资质，可为各行各业提供专业服务。服务项目先后多次获得“国家优质工程金质奖”“国家优质工程奖设立三十周年经典工程”“詹天佑土木工程大奖”等国家级荣誉70余项、省部级荣誉1000余项、其他荣誉12000余项，同时大力推进信用体系建设，先后荣获“中国通信企业协会企业信用等级证书”中电联企业信用等级AAA级企业”，更获评广东省五一劳动奖状。

作为国有企业，同时也是中国信息化领域生产性服务业监理行业的先行探路者，公诚咨询有责任有义务扛起行业发展大旗，引领行业发展方向，在行业内部营造健康规范的生态发展环境。实现自我、引领行业，是公诚咨询面对中国通信服务“为信息化服务，建世界级网络”的发展使命。

（本页信息由公诚管理咨询有限公司提供）

智慧产业融合与创新云计算数据中心

中国电信北京公司冬奥会延庆赛区新建光缆

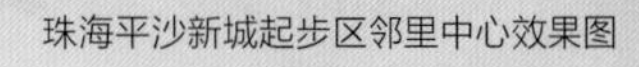

珠海平沙新城起步区邻里中心效果图

珠海市生物安全P3实验室及疾病预防能力提升工程项目效果图

北京京燕饭店装修改造

河北雄安新区容东管理委员会“城市运营管理中心”

东莞市步步高学校——东莞分公司

广东邮电职业技术学院江门校区

华科厂房效果图

江门中国侨都健康驿站实景图

京津冀大数据基地A2数据中心机电基础配套一期工程

廊坊市舟宇电子科技有限公司智能科技云计算数据中心

能通数据中心产业化项目（数据中心3）建设工程监理

琼海市嘉积中学综合教学楼工程效果图

深圳宝安（龙川）产业转移工业园科技产业创新创业基地建设项目效果图

瑶城村美丽乡村建设项目工程监理效果图

公司沣东自贸产业园办公楼

公司党建活动

西安市人民政府

感谢信

永明项目管理有限公司：

西安市人民政府给公司的感谢信

公司承监的西安市公共卫生中心（应急院区）交接仪式

西安市地铁 8 号线项目

《时代先锋》栏目组在永明公司拍摄《筑梦建术 智慧共赢》电视纪录片

中国丝路科创谷起步区项目

监理企业信息化管理与智慧化服务现场经验交流会

西安市公共卫生中心项目

永明项目管理有限公司

永明项目管理有限公司是中国建筑服务业率先建立一站式智能信息化管控服务平台的项目管理公司，总部位于古都西安，公司成立于 2002 年，实缴注册资本 5025 万元。业务涵盖工程监理、造价咨询、招标代理、全过程咨询等为一体的大型平台化企业。

公司现有国家注册类专业技术人员 700 多人，专业工程师 6000 余人。具有工程监理综合资质，以及工程造价咨询甲级、工程招标代理机构甲级、中央投资项目招标代理机构乙级、人民防空工程建设监理乙级资质，政府采购代理机构登记备案，机电产品国际招标代理机构登记备案，中华人民共和国对外承包工程资质。

目前，公司业务服务网点覆盖全国除港澳台之外的所有省级行政区，2020—2021 年连续两年在全国公共资源交易平台年度中标量同行业排名第 1 名，连续两年合同额 20 亿元以上。承揽的项目先后荣获国家优质工程奖 3 项，省市级优质工程奖 20 多项，省级文明工地 90 多个。

理念引领　实现转型

近年来永明公司积极响应国家“创新是引领发展的第一动力”指示和“互联网 +”的号召，坚持党建引领、科技支撑，自主研发建筑全过程智能信息化平台——筑术云。率先将“信息化管理 + 智慧化服务 + 平台化发展”引入建筑咨询服务业，通过 6 年时间全国各地上万个不同类型工程项目的探索与实践，彻底改变了传统建筑咨询服务企业的组织模式、管理模式、运营模式、服务模式，大幅提高了工作效率，降低了各类成本，确保了服务项目的安全和质量，实现了转型升级。

系统强大　用途广泛

经过不断的优化和迭代升级，目前筑术云平台运行着一个中心五大系统，即：可视化指挥与服务中心、移动综合办公系统、移动多功能视频会议系统、移动远程视频监管系统、移动项目管理系统、移动专家在线系统。一个中心五大系统，可服务于建筑全产业链上所有企业、项目和政府相关部门。

临危受命　不负使命

2020 年突如其来的新冠肺炎疫情席卷全国，西安市政府将西安“小汤山”项目（公共卫生中心）建设监理任务交给了永明公司，当时正值春节放假，因疫情全国城市与小区实行封闭管理，公司利用筑术云平台迅速组织了以党员和积极分子为主的 70 人突击队，第一时间赴施工现场，与中建集团、陕建集团共享筑术云平台，奋战十昼夜圆满地完成了这项政治任务，得到西安市政府的高度认可并向永明公司发来了感谢信。近年，仅仅在西安市内就陆续承揽了地铁 2 号线、8 号线、10 号线以及中国丝路科创谷起步区项目、航天基地东兆余安置项目、沣西新城王道新苑项目等多个大型项目，公司也将继续发挥智能化项目管控优势，为区域智慧化建设赋能。

创新促变　行业先行

2020 年 7 月 21 日，中国建设监理协会在西安召开“监理企业信息化管理与智慧化服务现场经验交流会”，永明公司作为主旨演讲企业，对远程信息化管理智慧化服务应用效果进行演示汇报，得到大家一致认可。目前，企业已先后 8 次应邀在全国相关行业大会进行演示汇报，13 次在全国各省级相关行业会议进行交流介绍，上千家企业、院校、政府等相关单位到永明公司进行考察交流。

精益求精　工匠精神

我国正处于由工业大国向工业强国迈进的关键时期，弘扬和培育新时代创新与工匠精神，对实现中华民族伟大复兴具有重要意义。中央广播电视总台所属中央新影老故事频道《时代先锋》栏目组，经过反复调研与现场考察、反复论证与精心策划，在永明公司拍摄《筑梦建术 智慧共赢》电视纪录片，弘扬新时代创新与工匠精神。

未来，永明将继续秉持“爱心、服务、共赢”的企业精神做强技术，以智暨管护，规范经营和科学管理的经营模式优化服务，为促进行业健康发展，推动企业价值创造，承担民企责任作出更大的贡献！

地　址：陕西省西咸新区沣西新城尚业路 1309 号总部经济园 6 号楼
电　话：029-88608580
邮　编：710065

（本页信息由永明项目管理有限公司提供）